U0245967

罗汉鱼

■ 刘雅丹　白 明　主编

中国农业出版社
农村读物出版社
北　京

图书在版编目（CIP）数据

罗汉鱼 / 刘雅丹, 白明主编. -- 北京 : 中国农业出版社, 2022.11
ISBN 978-7-109-17288-3

Ⅰ. ①罗… Ⅱ. ①刘… ②白… Ⅲ. ①淡水鱼类－观赏鱼类－鱼类养殖 Ⅳ. ①S965.8

中国版本图书馆CIP数据核字(2012)第247649号

罗汉鱼
LUOHANYU

中国农业出版社出版
地址：北京市朝阳区麦子店街18号楼
邮编：100125
策划编辑：马春辉　　责任编辑：马春辉　毛志强
责任校对：吴丽婷
印刷：北京中科印刷有限公司
版次：2022年11月第1版
印次：2022年11月北京第1次印刷
发行：新华书店北京发行所
开本：700mm×1000mm　1/16
印张：6
字数：100千字
定价：48.00元

家养观赏鱼系列丛书编委会

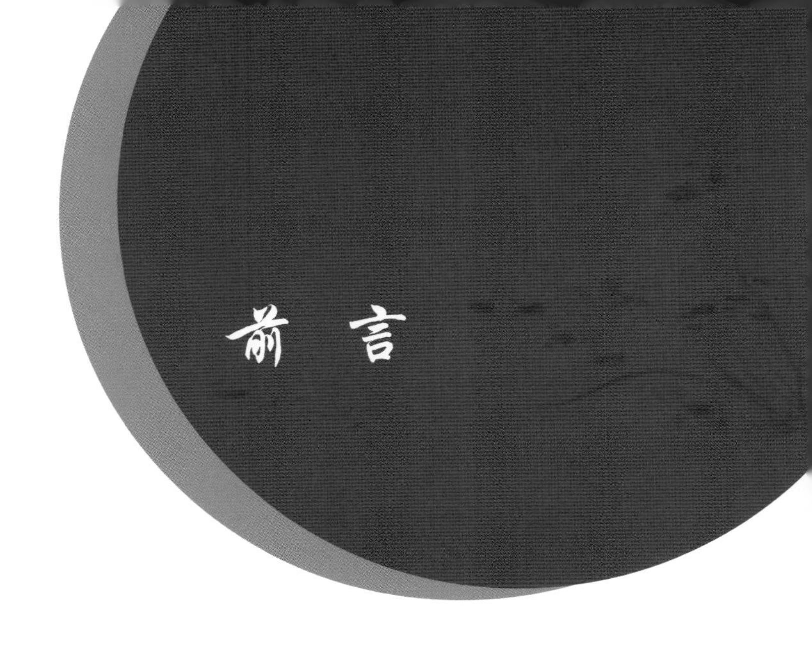

前 言

罗汉鱼是最受人们喜爱的观赏鱼品种之一，它以壮硕的身躯，艳丽的颜色，活泼可爱的性格赢得了很多鱼迷的青睐。罗汉鱼的诸多优点使它从诞生以来就一直受到市场的重视，在诸多的观赏鱼品种中，罗汉鱼的养殖规模和市场份额都位居前列。市场上有许多专营罗汉鱼的商店，近年来，业内人士为了更好满足市场需求还开发了罗汉鱼专用饲料、药品、水族箱等附加产品，使得“罗汉鱼经济”更加繁荣。

作为观赏鱼爱好者，特别是初学者，如何挑选适合自己饲养的罗汉鱼、怎样选购饲养设备和饵料，日常如何照料自己心爱的鱼成为了大家最需要的知识。

本书汇总编写了大量罗汉鱼相关资料，从罗汉鱼的发展史开篇，为读者更好地了解罗汉鱼提供了详细资料。并从识鱼、养鱼、赏鱼三方面入手，分别介绍罗汉鱼的品系族群、饲养方法和鉴赏方法，同时还用大量图片更具体地说明所介绍的内容。希望本书能成为观赏鱼爱好者选购、饲养和繁育罗汉鱼的良好助手。

在本书的编写过程中，得到了中国水产学会的大力支持，并收到了很多罗汉鱼饲养专家的帮助，在此表示诚挚的感谢。由于篇幅所限和笔者知识的局限性，若本书中有不足之处，欢迎读者予以雅正。

编者

2022 年 8 月

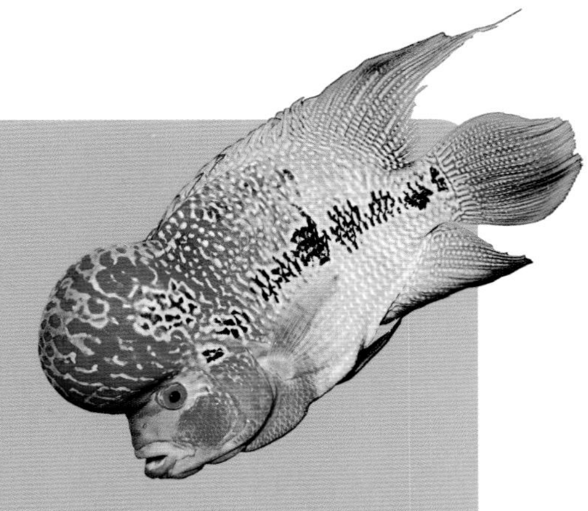

目 录

识鱼篇

养鱼篇

赏鱼篇 ●●●●●

附录

识鱼篇

罗汉鱼色彩艳丽，外貌奇特，红润的面颊、高耸的额头，有着人形化的可爱外形。

罗汉鱼雕塑

2010年在上海世博会上，一尊名为“世博鸿运当头”的陶塑罗汉鱼的亮相引起了极大反响，很多欧美和东南亚爱鱼之人不远万里，纷纷专门前来欣赏并订做。这个罗汉鱼造型，大气磅礴，活灵活现，其额珠高耸饱满，充满自信；鱼鳞鲜艳亮丽，光彩夺目；红润的面颊，高耸的额头象征多福高寿，两侧形态各异的“墨斑鳞”更彰显兴旺发达的寓意。

近年来，罗汉鱼养殖在亚洲华人社会风靡，特别是受到国内的观赏鱼爱好者的热爱，其原因是多方面的。在罗汉鱼身上寄托着华人对中华传统文化的情结，寄托着对美好、幸福生活的向往。而罗汉鱼卓尔不群的品质，更使其在众多观赏鱼中独树一帜。欣赏漂亮活泼的罗汉鱼，会让你在不自觉中陶醉并有一种怡然自得的感觉，其和谐沉稳不失优雅的泳姿，光艳迷人充满灵气的体色，高耸浑圆的神秘额珠，飘逸宽阔的鱼鳍以及高背短身、威武雄壮的王者气势和极具人性化的可爱憨态，让人体会到一种人与鱼之间的和谐与互动。

追罗汉鱼之源

罗汉鱼（Flower Horn）是著名的观赏鱼，又名彩鲷、花角、花罗汉，是丽鱼科多个种类——主要是丽体鱼属的亲本多重杂交后代的总称，在生物分类学上隶属于脊索动物门硬骨鱼纲鲈形目慈鲷科慈鲷属。

罗汉鱼色彩艳丽，外貌奇特，红润的面颊、高耸的额头，有着人形化的可爱外形。当然了，颜色漂亮、身形俊逸的观赏鱼很多，但罗汉鱼难能可贵的地方还在

慈鲷通常是指丽鱼科（Cichlidae）的观赏鱼，主要分布在南美洲和非洲的热带地区，是观赏鱼中的主流传统品种。当前，常见观赏鱼品种中一半以上是慈鲷类，常见的神仙鱼、地图鱼、血鹦鹉鱼都属于慈鲷家族。

非洲慈鲷类代表种

美洲慈鲷类代表种

于，它的身体两侧独具极像文字的“墨斑鳞”，这些墨斑在人工饲养条件下，随鱼体颜色的变异而变化，随机而神秘。

人们根据罗汉鱼“墨斑鳞”的颜色、形状，加上自己的想象、演绎、意会，衍生出许多吉祥如意的美好寓意，并在东方文化的符码中寄予了人们对理想生活的追求与向往。在东南亚，罗汉鱼被称为“风水鱼”，流传此鱼有招财、镇宅、避邪、吉祥的作用。

1996年第一代罗汉鱼一经问世，即受到了广大观赏鱼爱好者的喜爱，仅仅三四年便风靡全亚洲，成为观赏鱼爱好者的新宠。

自然界中原本是没有罗汉鱼这个物种的，罗汉鱼的出现完全是养殖者“无心插柳”的意外收获。事实上，罗汉鱼是养殖者在研究如何繁育血鹦鹉鱼的过程中，在一个偶然的境况下，一次偶然的机遇，被人偶然地培育出来，并且一经面世便成为极为抢手的全新观赏鱼种。

据说世界上第一条罗汉鱼是马来西亚的谢玉锹先生培育出来的。罗汉鱼最突出的特性就是独一无二，正如这个世界上没有完全相同的两片叶子，这个世界上也没有完全相同的两条罗汉鱼。确如谢玉锹先生所说的：“罗汉鱼是以人工原始的方式

我们常说的“罗汉”实为“阿罗汉”的简称，是梵语arhat、巴利语arahant的音译。意译尊者，指得道高僧。其形象往往有高高的古怪额头。

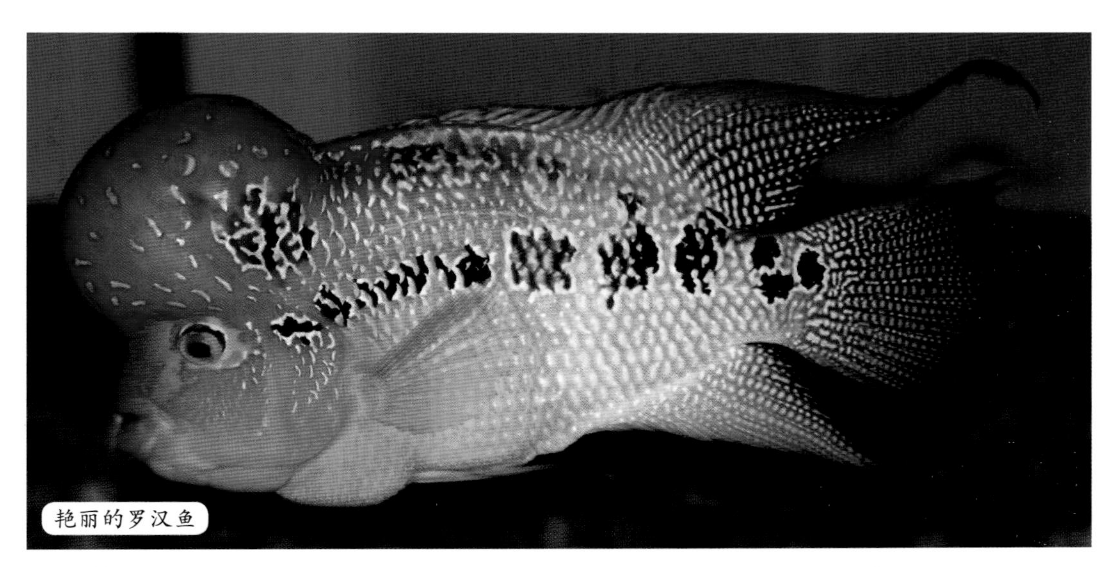
艳丽的罗汉鱼

青金虎鱼

体现出明显青金虎鱼特征的罗汉鱼

斑马迈达斯

体现出明显斑马迈达斯鱼特征的罗汉鱼

培育出来的鱼种，所以不会有复制鱼的现象发生。”

罗汉鱼的基因很不稳定，只有通过反复杂交的方式才能得到比较完美的罗汉鱼，而如何杂交一直是养殖场和从业者严格保守的商业秘密。不过，我们通过分析

红魔鬼鱼

体现出明显红魔鬼鱼特征的罗汉鱼

紫红火口鱼

体现出明显紫红火口鱼特征的罗汉鱼

七彩菠萝鱼

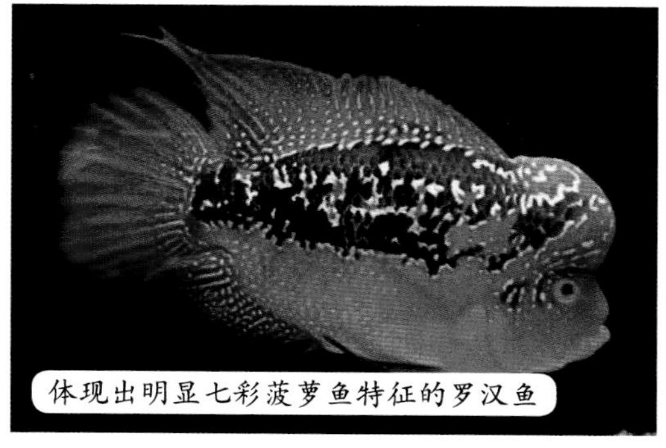
体现出明显七彩菠萝鱼特征的罗汉鱼

罗汉鱼的体形和特点，可以认定的是，罗汉鱼至少是由青金虎鱼、七彩菠萝鱼、紫红火口鱼、金钱豹鱼、金刚鹦鹉鱼这五种慈鲷科的鱼类种间杂交而培育出来的，而且最初完全是没有人为因素参与的自然杂交的结果。

苹果火口鱼

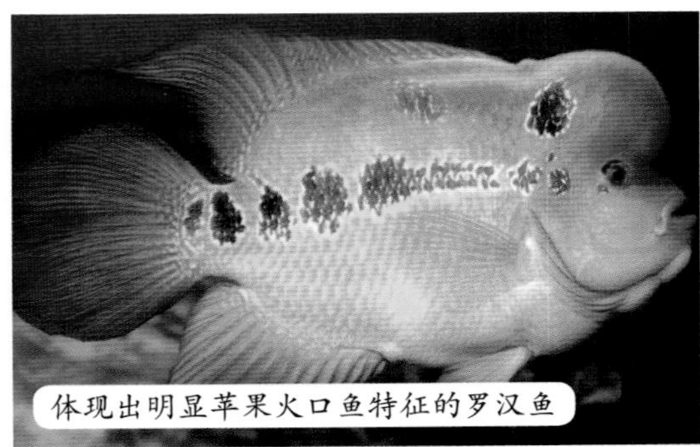
体现出明显苹果火口鱼特征的罗汉鱼

天网火口鱼

体现出明显天网火口鱼特征的罗汉鱼

网纹狮王鱼

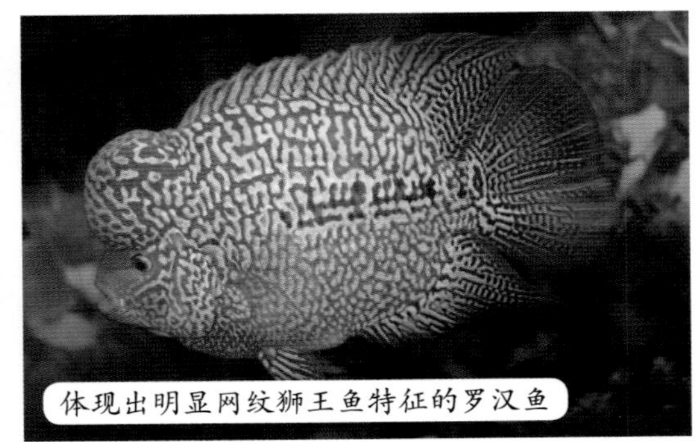
体现出明显网纹狮王鱼特征的罗汉鱼

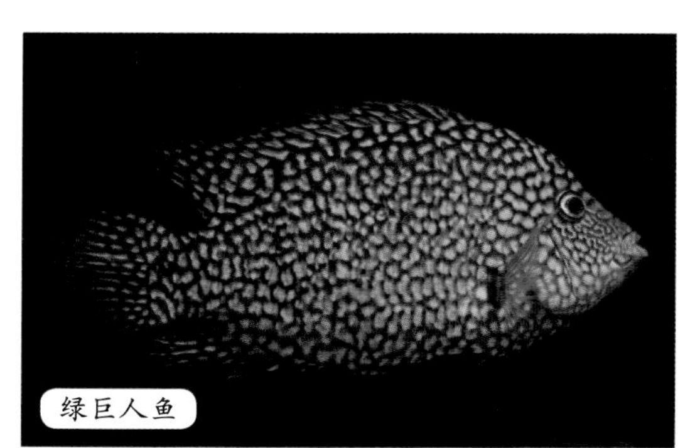

绿巨人鱼

体现出明显绿巨人鱼特征的罗汉鱼

得州豹鱼

体现出明显得州豹鱼特征的罗汉鱼

金刚鹦鹉鱼

体现出明显金刚鹦鹉鱼特征的罗汉鱼

识罗汉鱼之品

1990年前后，世界观赏鱼市场上非常流行南美洲出产的大型慈鲷类观赏鱼，饲养爱好者很多。美洲慈鲷类繁殖非常容易，泰国、马来西亚以及中国台湾地区的观赏鱼养殖场都有大量养殖。因为在东南亚养殖的慈鲷要比南美洲捕捞的价格低，因此人工养殖市场非常繁荣。但随着养殖数量的增多，市场几乎饱和，到了1995年前后，美洲慈鲷的价格急剧下滑，养殖者们转而将目光对准新兴的非洲慈鲷，造成大量积压的美洲慈鲷被多品种地混养在一个池子里，奇迹就这样出现了。

美洲慈鲷的自然分化时间比较短，在原产地主要靠不同水域自然隔绝，而人工混养在一起后，不同品种的慈鲷鱼开始相互杂交，必然导致各个品系之间的某些特点相互交融。

第一代罗汉鱼在马来西亚和我国台湾地区的观赏鱼养殖场几乎同时出现。其亲本应当是青金虎鱼和紫红火口鱼，因为第一代罗汉鱼就只具备这两种鱼的特征，但更加漂亮，它的雄鱼头部微隆，体形线条宽阔流畅。

第一代罗汉鱼的样子很接近青金虎鱼，特点是雄鱼头部微隆，体形宽阔、线条流畅。经过养殖者多次有目的地刻意改良之后，第一代罗汉鱼具备的优点被不断累积放大，体形愈加宽阔，色彩和花纹更为漂亮，尤其是额珠，变得格外高耸、饱满，同时也越来越具灵性，与人的互动性更强。

随着杂交小鱼越来越多，渔场开始出售这些小鱼，结果发现这些外形可爱的小鱼比亲本更受欢迎。因为它们与亲本相比，颜色更美艳、体形更壮硕，几近于方形。头部的脂肪突起在成熟后也比亲本更高耸。

自然界物种的进化就是这般神奇和不可预期!

养殖场原本无奈的一个“小疏忽”，就这样演变成了物种进化史上的一大步。看到了经济收益和市场空间的养殖者开始有目的地大量杂交繁殖，并且为这种鱼植入其他品种的血统，比如用第一代罗汉鱼和金钱豹鱼、九间菠萝鱼杂交，于是得到了颜色更鲜艳更丰富的品种。

1996 年，马来西亚养殖者觉得这种鱼头部的金色斑块很像僧人头上受戒的戒疤，故给这些鱼取名“罗汉鱼”。从此，这种鱼有了自己正式的名字，并成为享誉亚洲的观赏鱼。

之后，泰国观赏鱼养殖场奋起直追，又将罗汉鱼继续杂交培育出更多的品种，于是便有了现在琳琅满目的罗汉鱼品系。由于亲本有所差异，形成了罗汉鱼的多个品系，主要包括马来西亚始创的金花品系、花角品系、珍珠品系，中国台湾培育的花豹系列、红豹系列、彩钻系列，以及泰国培育的红星系列、黄金太岁系列等。下面我们着重介绍几种重要的品系。

水头形古典罗汉鱼

● 古典罗汉鱼品系

古典罗汉鱼是最早培育出来的罗汉鱼，由于没有经过复杂的杂交改良，它们的颜色比较单调，色彩感不强，全身颜色偏向青色、灰色，身体呈四方形，硕大的身形和强有力的鱼鳍是古典罗汉鱼最典型的特征。

最原始的古典罗汉鱼

全红色古典罗汉鱼

福星珍珠罗汉鱼

蓝钻罗汉鱼

● 花角罗汉鱼品系

花角罗汉鱼品系比古典罗汉鱼性成熟要早，体色丰富鲜艳，体形多以长条形或三角形为主，尾鳍浑圆，三鳍不包尾。嘴型长而且厚，地包天。花角罗汉鱼性情彪悍，攻击起来毫不嘴软，但养熟以后，却十分愿意亲近人。

● 金花罗汉鱼品系

金花罗汉鱼是在古典罗汉鱼的基础上培育出来的，有一副四四方方的身躯，给人一种稳重富态的感觉。金花品系的罗汉鱼遗传的稳定性比较差，不同时期的同一种类都会有很大区别，所以金花罗汉鱼几乎不能复制。

金花罗汉鱼最大特点是尾鳍呈扇形，背鳍和臀鳍往往包裹尾鳍。眼睛有白色、红色和橙色三种颜色，通常认为白眼的为佳。额珠不像珍珠品系的罗汉鱼那样向上突出，而是向前突出。

金苹果罗汉鱼最大的特征就是全身带有青铜色的光泽，如同金色的苹果

达摩金花罗汉鱼是台湾地区业者培育出来的金花品种，身体十分壮实，在水中游动时显得拙笨，憨态可掬

彩虹金花罗汉鱼前半身是鲜红色，后半身是浅黄色或者乳白色，鱼身亮片比较少

红金罗汉鱼和雪山金罗汉鱼比较类似，产于马来半岛。这个品系起头晚，饲养周期长，因此价格比较高

● 珍珠罗汉鱼品系

珍珠罗汉鱼是基因最稳定的品系，而且容易繁殖和改良。该品系遗传了花角品系的艳丽色彩，同时继承并发扬了古典罗汉鱼在头型方面的表现，珍珠罗汉鱼的身体色彩丰富，体型偏向三角形，都有高隆的头，尾鳍多下垂，舒展不完全，大多数珍珠罗汉鱼品系胸部呈鲜红色，身上有珍珠般的金点，性成熟较早。

红钻罗汉鱼是珍珠品系中的一个常见品种，全身或者大半身为红色，是红钻罗汉鱼最显而易见的特征

满银罗汉鱼产于泰国，也叫蓝光、泰国丝绸。满银必须是红色的眼睛，不管其他鱼再怎么像满银罗汉，只要不是红眼便是冒充的个体

蓝钻罗汉鱼的鱼体为前宽后窄，这一点要与金花相区分，鱼体底色以蓝色为主，全身附着银色光泽

作为珍珠罗汉鱼品系典型代表的“鸿运当头”意味着正是走好运的时候，更是被人们赋予了诸多的祥瑞寄托，鸿运当头罗汉鱼也因此身价不菲

● 马骝罗汉鱼品系

马骝在粤语里是“猴子”的意思，意思是长着猴子脸的鱼，是在古典罗汉鱼的基础上改良培育而成的。马骝罗汉鱼头形前倾，大多数以肉头和半水头为主，而且横向看很窄，平眼，眼圈为红色，部分马骝罗汉鱼或多或少有些兜齿。身型偏方，类似金花罗汉鱼品系。

原始马骝罗汉鱼于2001年诞生于马来西亚，是对早期马骝的总称。当时只是有猴脸特征的罗汉鱼归为马骝，它的其他特征与珍珠品系罗汉鱼几乎没有区别

金马骝罗汉鱼的外形不同于其他罗汉鱼品种，它有着金花罗汉鱼的眼睛和嘴，有着比珍珠罗汉鱼更亮的花纹和珠点，最重要的是它的身体前半部非常鲜红，后半部为金黄色，显得非常高贵

后经典金马骝罗汉鱼

金马骝罗汉鱼传入新加坡，被当地一位观赏鱼养殖者改良为非常特别的品种，即我们现在所说的新加坡马骝

● 得萨斯罗汉鱼品系

得萨斯品系的罗汉鱼是利用罗汉鱼和美国得克萨斯州所产的得州豹鱼杂交而成的，在培育过程中，养殖者还混入了多种慈鲷的基因，因此，不管在色彩、身形，还是花纹，得萨斯品系的罗汉鱼都非常绚丽，一般为红色，有青色小点和斑纹，性成熟以后，会变成珍珠斑或者豹纹，非常容易和其他品系的罗汉鱼区分出来。

这一品种的罗汉鱼不以额珠的大小而是以整体的感觉为衡量标准，但如果出现“大头”，也能大大提高它的价值。

泰产红得萨斯罗汉鱼是罗汉鱼中的优秀品种。泰国业者在改良得州豹鱼时，将其与红魔鬼杂交，以此得出的鱼叫泰产红得萨斯

紫色得萨斯罗汉鱼主要是身上带有紫鹦鹉鱼的血统而呈紫色珠点的品种。紫色得萨斯一般不会很红，平嘴，黄眼

银色得萨斯罗汉鱼因身上布满银色亮片而得名，除了身上有连成片的珠点分布在身体两侧之外，银色的珠点也会遍布脸上，上等好鱼亮片连成的线一条条有次序地排列在头上

黄金得萨斯罗汉鱼是黄金珍珠罗汉鱼与得州豹鱼杂交而来的品种，品质好的黄金德萨眼圈为金黄色，眼珠为红色

● 元宝罗汉鱼品系

元宝罗汉鱼品系是对体形短圆罗汉鱼的统称，实际上是选育脊柱变形的可遗传个体繁育出来的，身形较短，近似圆形，看起来比较圆润可爱。因为是脊柱变形，所以存在于罗汉鱼的各个品系。

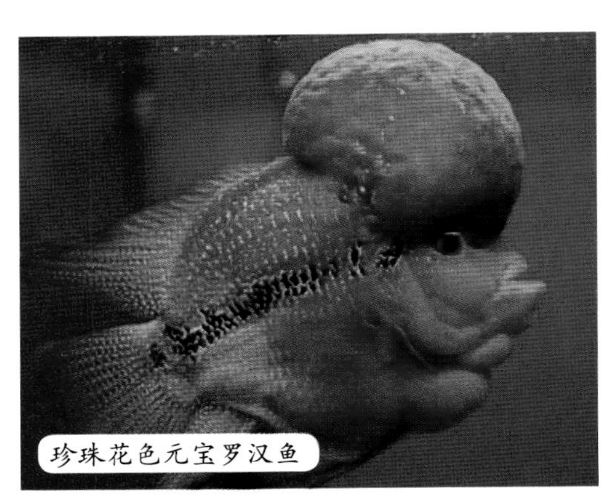
珍珠花色元宝罗汉鱼

古典花色元宝罗汉鱼

● 台湾罗汉鱼品系

台湾罗汉鱼品系是得州豹鱼与古典罗汉鱼杂交出来的罗汉鱼品系，保留了得州豹鱼的许多优点，珠点分布均匀，头形圆润饱满，向上仰起，平眼，眼色为金色，目光如炬。

白玉罗汉鱼

红白罗汉鱼

● 水晶罗汉鱼品系

水晶罗汉鱼品系指的是在珍珠罗汉鱼品系改良中产生的无任何墨斑鳞（花斑）的鱼类，这个品系有着靓丽的色彩，身上布满珠点，眼色呈红色，是从珍珠品系里脱颖而出的，但这个品系因为没有得到特意保留，加之基因不稳定，导致现在基本看不到。

● 宝石罗汉鱼品系

宝石罗汉鱼品系是红魔鬼鱼与得州豹鱼杂交出来的后代，是一个相对独立的品系，不带有任何其他品系罗汉鱼的基因。红魔鬼鱼与得州豹鱼的子代有两种不同的名字，其中比较普通的一部分被命名为红宝石罗汉鱼，而另一部分比较优良的被称为血宝石罗汉鱼。

罗汉鱼由于品种和级别的原因价格相差很大，目前比较流行的鱼种有金花、红马骝、帝王马骝、金马骝、珍珠罗汉鱼等。从头型又分为水头、半水头和硬头，其中又以水头隆起饱满的品种为上品，价格自然也会比普通品种高出很多。

红宝石罗汉鱼

蓝宝石罗汉鱼

● 罗汉鱼的共同特征

虽然罗汉鱼的品系较多，但作为一类，自然有它们的共同点。在形态方面比如骨骼、鳍式、侧线、体形等，罗汉鱼保持了丽鱼科的共同特征：属中型鱼，成年体长 20 ～ 40 厘米（不同品系有差异，罗汉鱼品系个体最大，包括尾鳍最长可达 42

厘米，高18厘米，最大体重可达5千克)，粗壮的侧扁体形，侧面看似卵圆形，背鳍、臀鳍后部软鳍延长，使其外观轮廓似长方形。头部隆起，吻短，唇齿细密锋利，眼中巩膜红色。色彩鲜艳而丰富（非马来西亚源的品系常常是单一色调的），胸部多为鲜红色，除皮肤色素之外，鳞片表层还常常有金色的片状或点状反光质。另外，沿侧线常有黑色或深色黑色斑。

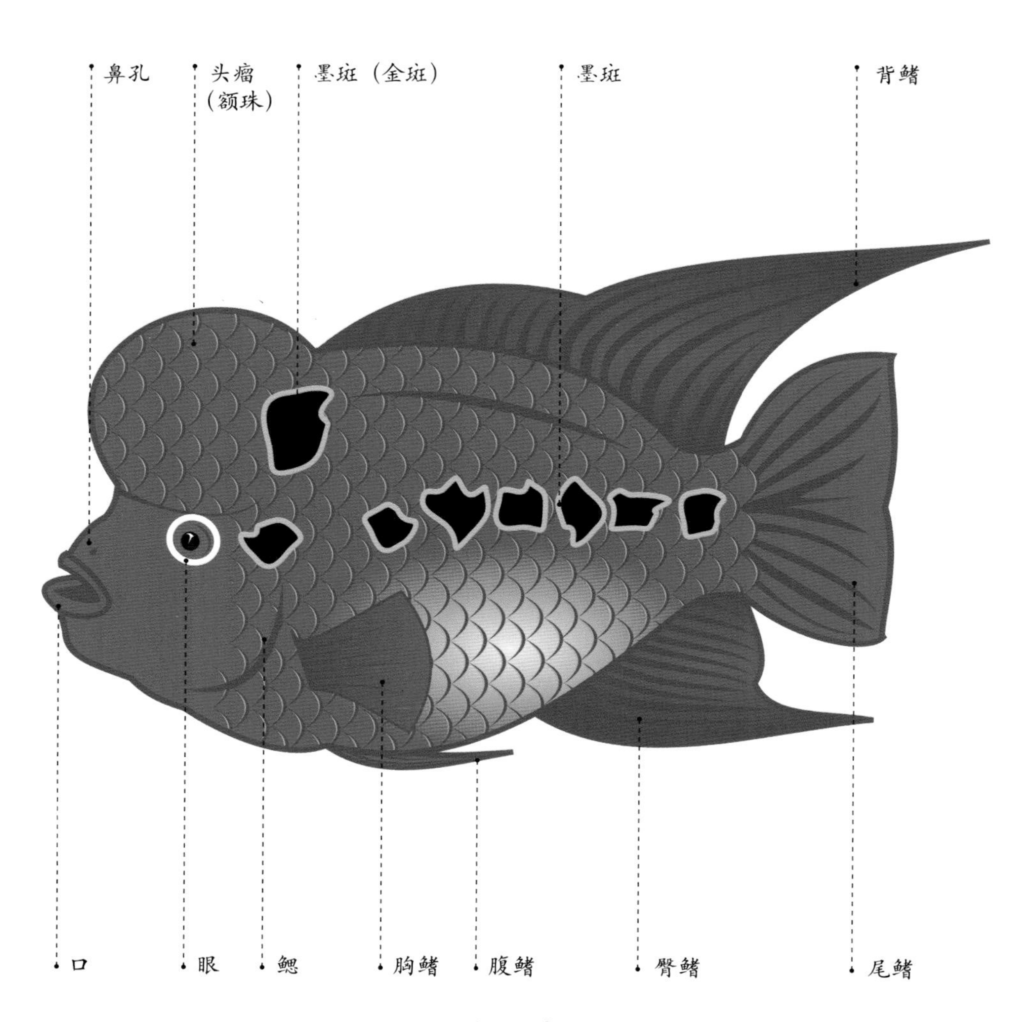

罗汉鱼身体各部位名称

解罗汉鱼之习

罗汉鱼的寿命一般是六到十年，如果环境好，饲养得法，有些罗汉鱼的寿命可达二十多年。

罗汉鱼保留了慈鲷的某些特性，性情凶猛，凶狠好斗，特别是同类相残严重，有圈占地盘的习性。所以，最好在水族箱中单独饲养或者在水族箱中加玻璃隔板饲养。如果非要混养，只有血鹦鹉鱼勉强可以和罗汉鱼饲养在一起。

在生活习性方面，罗汉鱼更是与它们的先辈相差无几：肉食性，可摄食颗粒饲料。

罗汉鱼情商很高，养熟后，十分喜欢与主人亲近、嬉戏，这也是罗汉鱼备受养殖者喜欢的原因之一。绝大多数罗汉鱼在饲养一段时间后，都会在主人走近水族箱的时候，迅速迎上前来，或翻转或洄游，甚至会随着主人的手指转动身子，仿佛在

翩翩起舞。当主人的手指伸进水族箱里时，罗汉鱼还会柔顺地依偎过来，像宠物一样在手指间蹭来蹭去，享受主人的爱抚与体贴。如果是陌生人也想亲近罗汉鱼，与之玩耍，很可能会受到罗汉鱼毫不留情的攻击，甚至会被咬出血。

经过几代杂交培养，现今流行的罗汉鱼，其长、高比例更加接近于1∶1，健康的成年罗汉鱼身材宽厚，额珠突起，颜色鲜艳自然，鱼鳍飘逸，食欲旺盛。

雄性个体体形明显大于雌性，生长速度亦较雌性更快。但雌性约6月龄成熟，雄性成熟期8月龄至2年不等。雌雄自行配对，产黏性卵于石块或石板上，有保护

小知识

罗汉鱼备受养殖者喜欢的原因

- 罗汉鱼寓意吉祥，有时候身上会出现类似“发”“财”等字样
- 充满灵性，容易与主人亲近
- 因为是杂交鱼，所以好养

鱼卵及幼苗的习性（这是丽鱼科被观赏鱼界称为慈鲷科的原因）。喜水温 26 ～ 30℃弱碱性至中性的水质，对溶氧量、硬度条件要求不高，全国各地的自来水经过曝气处理，都可以作为罗汉鱼的饲养用水。

因为是混交出来的观赏鱼种，罗汉鱼适应性强，对生存环境不是十分挑剔，只要水体相对稳定，并加以适时、适当的喂养管理，罗汉鱼大多能健康成长，较少得病。

赏罗汉鱼之趣

世界上的观赏鱼有 500 多种，但近几年饲育罗汉鱼的热潮，爱好者、玩家对其疯狂追求的热情，在水族界中是少有的，这些都说明罗汉鱼正日益成为水族箱的宠儿。我们不禁要问，罗汉鱼凭什么获得大家如此追捧，除了其颜色变化万千，每条鱼的独一无二之外，还有什么特别之处呢?

● 罗汉鱼的聪明和灵性

罗汉鱼是一种具有典型双重性格的鱼，它除具有威武雄壮的王者气势、艳丽夺目的动人色彩、活泼灵动的可爱外形以外，最令广大爱好者沉醉其中难以自拔的一点，就是它们与饲主之间的情意结。罗汉鱼对其他鱼类十分凶猛，但对人却极有灵性。只要主人来到鱼缸跟前，罗汉鱼便会亲昵地游上前来，与饲主嬉戏玩耍。或洄游或翻转，或躺于饲主手中，享受饲主的爱抚，就如猫狗一样驯服、可爱。但若陌生人也想此般亲近罗汉鱼，与之玩耍，它的攻击可是毫不留情的！如此有灵性的鱼是其他观赏鱼所不能望其项背的，难怪不少家庭把罗汉鱼当作宠物来养。

● 罗汉鱼的好斗与母爱

有人会问，罗汉鱼为什么那么好斗啊？其实，罗汉鱼是最具有爱心的鱼，它会说，好斗并不是我的天性！想想罗汉鱼的祖先——南美慈鲷，它们早年在亚马孙河

的生活环境相当恶劣，必须以强硬的态度赢得生活和繁衍的空间。它们攻击对方往往是为了争夺食物，维护摄食空间，赢得配偶，养护下一代。如果其他鱼儿抢夺了它们生活和繁衍的空间及食物，它们便会穷追不舍，甚至咬死、吞食对方。而水族箱内的空间比起河、湖更为狭小，罗汉鱼当然要不顾一切地维护自己那片本来就已经狭小的领地了。罗汉鱼对仔鱼的养护无微不至，所以在养殖期间内亲鱼的攻击性更加强烈，它们对任何“侵略者”都不放过，尤其是对仔鱼有伤害的一切对象！所以，养鱼爱好者或观赏者，一定要特别注意。

● 罗汉鱼的显字与意寓

要追溯多年前罗汉鱼养殖风靡的起因，那时候特别火的罗汉鱼不是现在的泰金，不是大爆头，也不是帝王、鸿运等品级，更不是拉线包头，而竟然是身上能长出字来的罗汉鱼，像“福”字、“寿”字、“囍”字。鱼的身上能自然地长出字来，且都是意寓吉祥、幸福之字，十分符合中国人的心愿，难怪受到大家的喜爱。罗汉鱼是经过人工培育的观赏鱼，很多罗汉鱼身上都有这种模糊的黑色花纹，一些看上去像汉字的花纹是一种天然的巧合，由于这种概率微乎其微，上万条中才能找出一条，因此身价也十分昂贵。

● 罗汉鱼的头与中国文化

罗汉鱼是极具观赏性的鱼种，它那硕大的额头饱满丰盈，是区别于其他鱼种的最显著特征。罗汉鱼的额头象征着吉祥、好兆头，正是罗汉鱼圆硕的额头以及它充满吉祥的寓意，让它与中国文化紧密相联，让它抓住了中国人的情感，才会被越来越多的人喜欢。

养鱼篇

工欲善其事，必先利其器。要想养好罗汉鱼，就要为罗汉鱼准备、布置一个舒适的“家”，让罗汉鱼能够在水族箱中愉快地生活。

罗汉鱼由于物种杂交优势，是一种非常容易饲养的热带观赏鱼，生长速度快，发病概率低，容易繁殖，只要掌握基础的热带鱼饲养技术，就能在家中养好罗汉鱼了。

工欲善其事，必先利其器。要想养好罗汉鱼，就要为罗汉鱼准备、布置一个舒适的“家”，让罗汉鱼能够在水族箱中愉快地生活。

罗汉鱼的饲养设备主要是水族箱、过滤器、照明灯、加热棒等，另外，从欣赏的角度，还可以对水族箱进行造景美化。

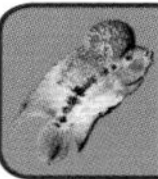

饲养罗汉鱼的水族箱

最适合饲养罗汉鱼的长方体水族箱

随着生活品位的提升，人们通常采用水族箱饲养观赏鱼。目前市场上的水族箱规格、样式琳琅满目，令人眼花缭乱。如何选购饲养罗汉鱼的水族箱呢？这是许多观赏鱼爱好者首先需要解决的问题。本书从水族箱的形式、大小、配件三方面来帮助读者选购合适的水族箱。

● 水族箱尺寸和形状的选择

饲养罗汉鱼的水族箱应当是长方体的类型，虽然我们可以买到圆柱体、多变体甚至是非常复杂的花样水族箱，但是它们往往是中看不中用的。在购买水族箱之前，我们必须想清楚是要用它来养鱼，还是单纯将其看成一个家中的摆设。如果是为了后者，形状新奇的水族箱当然很好，再配上小喷泉、假山流水之类的装饰，就成为了家里的一道亮丽风景。但是，如果你想养好鱼，这些古怪的造型就显然不合适了，鱼需要舒适的水中活动空间，它们将在其中吃喝拉撒度过一生。造型复杂的水族箱很难在占用家庭面积最小的情况下给予鱼类最大的生活空间，而且还会限制鱼的生长。比如直径 60 厘米的圆柱体水族箱和边长 60 厘米 × 30 厘米的长方体水族箱相比较，前者占用家庭空间更大，却并不会给鱼更多的生活空间，而且在日后的清洁打理方面，还更费力。

设计过于复杂的水族箱不适合饲养罗汉鱼

再有，单从欣赏角度来说，透过一面平板玻璃去欣赏鱼要比透过有弧度或有棱角的玻璃欣赏鱼更加清晰。为了欣赏的需求，我们也应当放弃弧形或多边形。长方形水族箱正面是一面大玻璃，可以将鱼的美丽展现得淋漓尽致。

那么我们该选择多大尺寸的水族箱来饲养罗汉鱼呢？这个问题很好回答，要比回答饲养其他鱼类所需水族箱大小的问题，容易得多。因为罗汉鱼是一种杂交鱼类，虽然颜色丰富多变，但个体之间大小差异并不大，一般成年罗汉鱼的体长在 20 ～ 30 厘米。它们还是一种凶猛好斗的鱼，成年罗汉鱼除繁殖时期外，基本不能和任何其他鱼类饲养在一起，所以罗汉鱼一般需“一条一缸”地单独饲养。这就好办了，我们只要算出 30 厘米长的鱼需要多大的生活空间，即可以得到应当购买水族箱的尺寸。根据热带淡水鱼对生存水环境大小的需求比例可知：每 1 厘米的鱼体长需要 3 ～ 5 升水来饲养它。

那么，体长 20 厘米的罗汉鱼需要的生活水量是：

20 × 3 = 60（升）到 20 × 5 = 100（升）

仅适合单独饲养的罗汉鱼

体长 30 厘米的罗汉鱼需要的生活水量是：

30（升）×3 = 90（升）到 30×5 = 150（升）

通常我们将淡水的密度看成 1，长方形水族箱体积和容水量的换算方法即：长（厘米）× 宽（厘米）× 高（厘米）×1 ÷ 1000。

如此我们就可以知道，当鱼需要 50 升水时，水族箱尺寸应当为：

60（厘米）×30（厘米）×30（厘米）×1 ÷ 1000（升）=54（升）

当我们需要 150 升水时，水族箱尺寸应当为：

90（厘米）×40（厘米）×42（厘米）×1 ÷ 1000（升）=151.2（升）

虽然罗汉鱼的幼体体形较小，不用使用很大的水族箱，但还是建议饲养者在购买水族箱的时候一步到位，直接购买成年罗汉鱼使用的尺寸。因为小罗汉鱼生长速度很快，等到它长大后再更换水族箱是十分麻烦的事情。

综上所述，我们用来饲养罗汉鱼的最佳水族箱尺寸应当是长 90 厘米、宽 40 厘米、高 40 厘米的长方形水族箱。考虑饲养者的家庭环境不同，长宽高可以适当调整 10 厘米，但绝不能过小，也不必过大。

水族箱的容积直接影响罗汉鱼的生长发育，水体越宽阔，鱼的生长速度越快，食欲越旺盛，鱼会十分强健不容易患病。鱼在大水体中，心情也格外好，不会产生恐惧和紧张的情绪。水体太小时，鱼生长缓慢，受到空间影响可能会生长畸形。另外小水体水质波动较大，鱼会处于紧张状态，容易患病死亡。

● 配置底柜

小型水族箱可以放置在书桌或五斗橱上，但饲养罗汉鱼的水族箱个体较大，书桌和其他家具没有经过特殊的设计，恐怕很难长时间承受其重量，因此应当单独为水族箱配置底柜。

牢固的水族箱底柜

选择水族箱底柜，首先要考虑的是底柜的稳定性。因为水体加上水族箱的重量，应该至少在200千克，所以一定选择合适的材料，比如万能角钢或粗木方做支架，保证要有足够的承重力。

其次才是美观以及贴皮、美耐板及烤漆等种类繁多的附加因素。

底柜和水族箱高度都不宜过高，要方便平日将手伸入水中清洁水箱内壁。

为保证安全，水族箱底柜上至少要覆盖一层厚1.25厘米的泡沫，再将水族箱放置在上面。避免因不平或毛细的沙石颗粒在重力作用下硌碎水族箱。

● 配置附件

大多数水族箱还需要加盖子，防止罗汉鱼跳出和外来物（如灰尘、昆虫）的进入。水族箱的盖子往往也是放置荧光灯管的地方。

为了节省能源，还可以在水族箱的背面、侧面上用双面胶粘上泡沫板。因为泡沫板有保温作用，既可以节省冬季为水族箱加热所耗的电力，也可以使水族箱的温度变化不至于太大。

 过滤器的选择和使用

饲养观赏鱼基本上都要使用过滤器，过滤器除了可以让水质清澈外，还起到了降低水中有害物质的沉积、给水中增氧的作用。有了过滤器你可以每月给鱼换水一两次，而没有过滤器则需要两天换水一次甚至每天换水。

养殖用水中的杂质包括罗汉鱼的新陈代谢废物、食物残渣等看得见的污染物，也包括我们无法用肉眼观察到的有害物质无机盐类。这些杂质主要来源于水族箱中生物的呼吸、排泄物等在细菌分解作用下的产生物。罗汉鱼的排泄物、食物残渣比较多，这些残渣废物腐烂后释放氨，水中的氨对鱼有害，当其含量超过0.3毫克/升的时候，就会致鱼死亡。废物越多，氨产生得就越多，水质变坏得就越快。相对于看得见的杂质，氨的危害是最大的。良好的过滤器可以使水族箱水质变清澈的同时，将氨降低到无害的程度。

市场上出售的过滤器品种很多，根据过滤系统在水族箱中的位置，可以分为外置过滤系统和内置过滤系统。外置过滤系统多用于大、中型水族箱，水草型小型水族箱也可以用；内置过滤体统主要用于小型水族箱。水族商店售货员会给你介绍许多不同品牌和样式的过滤器，怎样选择它们呢？下面就常见的几种过滤器是否适合用来饲养罗汉鱼加以说明。

● **过滤桶（因易阻塞不适合用于饲养罗汉鱼）**

过滤桶是商店中出售数量和品种最多的过滤器，正如它的名字一样，它是一

个圆形或近似圆形的塑料桶，有两根管子和水族箱相连，靠虹吸原理，水通过一根管子流入桶中，再利用桶内的水泵通过另一根管子抽回水族箱。过滤桶是完全封闭的过滤器，内部有过滤棉、陶瓷环、生物球等多层过滤材料。水在经过过滤桶的时候，其中的有害物质被附着在过滤材料上的有益细菌分解。

由于过滤桶是完全封闭的，清理起来十分麻烦，而且内部的滤材一旦堵塞就会影响过滤效果，甚至产生新的有害物质。通常过滤桶用于小型热带鱼的饲养。罗汉鱼食量大、排泄多，粪便颗粒很大，很容易阻塞过滤桶。所以这类过滤设备并不适合用来饲养罗汉鱼。

● **沉水过滤器（因太小不适合用于饲养罗汉鱼）**

沉水过滤器好像一个直接放在水族箱中的过滤桶，它由一个水泵（机头）和一个多孔的塑料盒子组成，水泵启动后不停通过塑料盒子抽取水，然后再排放出去。水反复流过塑料盒子内的各层过滤材料，起到过滤效果。这种过滤器简单廉价，只适合小型水族箱用来饲养很小型的鱼类，用到罗汉鱼的水族箱中，弊端和过滤桶一样，所以依然不适合罗汉鱼饲养者使用。

● **上部单层过滤器（可以用，但需要经常清洗过滤棉）**

上部过滤器是最原始的过滤器品种，已经有50多年的历史。它的原理是利用一台水泵将水族箱中的水抽到水族箱上部的过滤盒中，水经过盒中的过滤材料自己流回水族箱内。这种过滤器虽然原始，但清理起来最为方便，只要关闭电源，将过滤盒内的滤材拿出来清洗即可。对于粪便颗粒比较大的罗汉鱼来说，能方便清洗过滤材料是选择过滤器最重要的选项，故此上部过滤器比较适合饲养罗汉鱼。

上部过滤器可分为单层和多层两种，单层的一般只有一个过滤盒，内可放置多层过滤棉，最上层的用来阻隔粪便，要定期清洗。下面的几层用来培养有益细菌，

上部多层过滤器及内部滤材使用情况

可以半年清洗一次。不过对于饲养成年大型罗汉鱼，单层上部过滤显然有些不能完全满足需要，这就要选择更多的上部过滤盒。

● **上部多层过滤器（目前为止最适合饲养罗汉鱼的过滤器）**

这种过滤器是在上部单层过滤器的基础上，增加了过滤盒的数量，使它们一层层摞起来，水流下来的时候分层经过不同的过滤材料。通常最上面一层只放置过滤棉用来阻挡大颗粒粪便和食物残渣。下面的一两层放置陶瓷环或生物球，培养有益细菌分解水中的有害物质。上部多层过滤器兼备了容易清洗和过滤材料互补的优

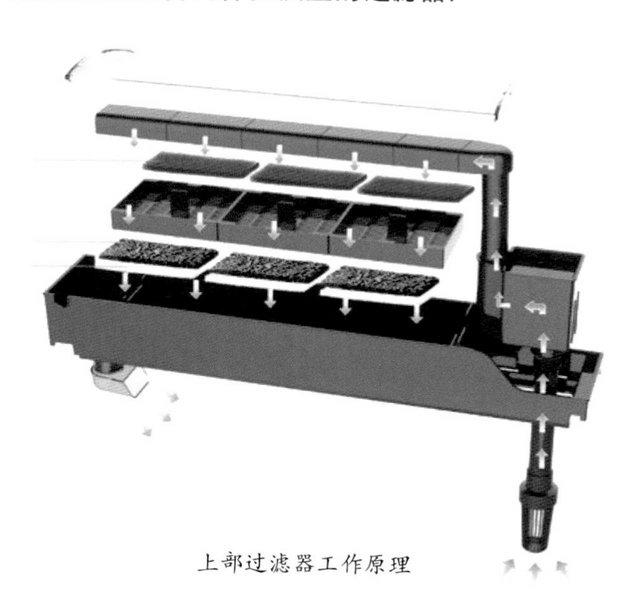

上部过滤器工作原理

点，但也有缺点，就是过滤器高高地摆放在水族箱顶上，不太美观。不过，从养好鱼的角度说，它是饲养罗汉鱼的最佳选择。

集成式过滤箱

● 集成式过滤箱（很大，效果很好，很占地，较贵）

集成式过滤箱是一个放置在水族箱底柜中的大水槽，以前都是委托玻璃店按饲养者要求定做。近两年也有成品出售了。集成式过滤箱很大，可以将水泵、加热棒、各种过滤材料等统统放进去，然后通过管子与水族箱相连。当水族箱内的水不间断流过过滤箱，水中大部分有机物质被隔离，一步一步转化为无害的无机盐。集成式过滤箱不用经常清洗，也不存在阻塞的风险，并且藏在底柜中，不影响水族箱整体的美感。最大的问题是这种过滤器价格较贵，而且它的尺寸几乎和水族箱一样大。

● 过滤方式介绍

水族箱的过滤方式，主要有物理、化学、生物等几种。

1．物理过滤

物理过滤是利用各种过滤材料或辅助剂将水族箱水里的尘埃、胶状物、悬浮物等较大的颗粒除去，以保持水的透明度的过滤方法。能完成物理过滤的过滤材料有过滤棉、羊毛毡、沙石等具有较密孔隙、透水性好的材料。

物理过滤通常被设在过滤系统的第一层，以便及时清理，否则，那些被吸附的颗粒仍与水族箱里面的水接触，可能造成水质的再次污染。

2．化学过滤

化学过滤是利用滤材将溶解于水中的对鱼类有害的各种离子化合物或化学污染物等，吸收去除的过滤方法。化学过滤一般使用活性炭、麦饭石等作为滤材，其中活性炭是最常用的。

由于化学过滤只在合理的水流速度下才能发挥最理想的效果，因此还同时有物理过滤的作用，需要定期清洗。

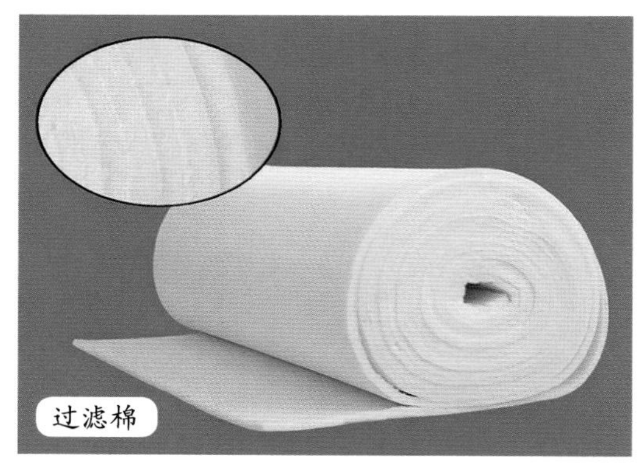
过滤棉

活性炭也是一种常用的过滤材料，具有吸附金属离子、脱色、除臭的功能，但除臭的功能，需要定期更换。

活性炭

生化球

3．生物过滤

生物过滤是利用物理学及生物学相结合的方法对鱼缸进行净化，主要是硝化细菌将鱼的排泄物、残余饵料等废物所产生的含氮有机物或氨，加以氧化处理，使其转化为亚硝酸盐的方法，这也是过滤系统最重要的一环。常见的生物过滤的滤材有生化球、生化棉、陶瓷环等，主要放在滤材的第二层、第三层。

需要注意的是，新安装的生物性过滤器无法马上满足鱼的正常生活需要，因为菌群需要有足够的时间才可以建立起来。如果在过滤器尚未“成熟”的时候，就开始放养鱼，那么氮或氨及亚硝酸盐等有毒物质就会蓄积起来而不受限制，这样就会导致鱼儿的死亡。

4．机械过滤法

机械过滤法即利用潜水泵、管道泵、过滤泵等作为推动力，把水族箱内悬浮的微小物质与循环水分离。一般家庭大多使用机械过滤法。

循环水泵

5．植物过滤法

植物过滤即采用水中植物吸收的过滤法，可利用的水中植物有浮萍、石菖等。浮萍适合放置在前段过滤槽上面，石菖则宜种植在过滤槽与水池之间的水道中。石菖除了有植物过滤作用之外，亦能吸收铁离子。

水族箱过滤系统的维护：对于以海绵、活性炭等为主要滤材的过滤系统，需要不定期地进行清洗或者更换，通常情况下，活性炭 2 ～ 3 个月换一次。

沙石

加热棒

罗汉鱼是超级热带观赏鱼，和一般需要20～30℃水温的普通热带观赏鱼不同，它们需要常年较高水温以便促进新陈代谢，从而使其头瘤更硕大，颜色更鲜艳。故此，饲养罗汉鱼饲养水温，常年应维持在28～32℃。

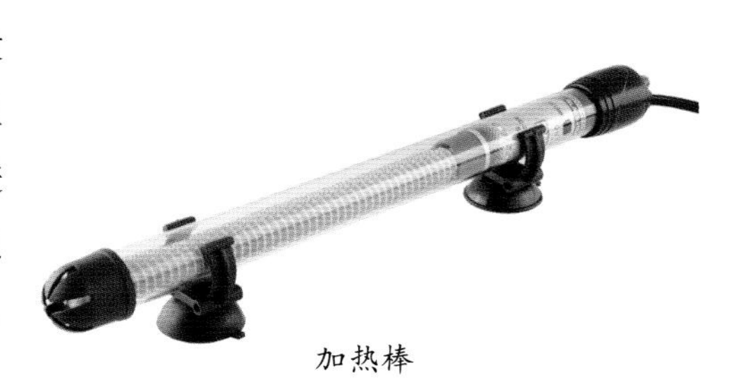

加热棒

加热棒是饲养罗汉鱼的必要设备，即使饲养者生活在热带地区，也很难保证饲养水温总在30℃左右。加热棒是科技含量不高的设备，由控制器控制电热丝发热。外层的玻璃管或不锈钢管起到防水作用。需要注意的是加热棒是所有水族设备中最容易出故障的，在选购时一定要选择质量好的，并多备几根。优质的加热棒在出现故障时最多是停止加热。劣质品一旦出现故障，可能会一直加热。更危险的是，劣质加热棒容易漏电，到时就不仅仅给鱼的生命带来危险了，饲养者也同样面临危险。加热棒常见功率有：50W、100W、200W、300W、500W。1升水配置1.5～2W的加热棒最好。饲养罗汉鱼一般选用100～200W的品种。

加热棒应该尽量避免与鱼缸玻璃直接接触，也不要将其埋在底砂里面，因为这些做法很容易导致鱼缸玻璃受热不均，致使缸体破裂。正确的做法是，将加热棒斜放或者平放在靠近缸底的位置，这样散热效果更好，因为水加热后会上升。如果垂直放置加热棒，棒下部产生的热水与棒上部的温差相对较小，热传导就会慢些，这无疑降低加热的效率，延长了加热时间，浪费了能源。并且温控装置在加热棒上端，会导致加热棒提前停止加热。

罗汉鱼是非常好斗的鱼类，所以加温器一定要选择不锈钢加温器，如果选择玻璃加温器，则加温器的外面必须套上保护套，以免罗汉鱼将玻璃加温器咬破而发生危险。

要注意避免在加温中将加热棒直接提出或者放入水中，应在取出前停止通电

5分钟以上，以免加温棒炸裂。无论加温或冷却，在温度调节上都要循序渐进，避免温度在短时间内骤升或骤降，造成罗汉鱼生理上的不适，甚至生病。如果加热棒的显示灯一直是亮的，就要密切观察温度计，这有可能是加热棒已经损坏或者快要损坏的先兆。如遇加热棒损坏，要先切断电源后再取出，以免触电。

水族箱的照明和装饰

罗汉鱼是一种淡水观赏鱼，这种鱼如果没有光照是完全没办法欣赏的。光照分两种，一种是自然光，即太阳光；另一种就是灯光。

光照是罗汉鱼保持体色鲜艳、健康生长的重要环境因素，它可以使罗汉鱼变得更加亮丽，光照越多，罗汉鱼色泽越漂亮，特别是太阳光。其次光照对水质转化、水质调节很重要。因此，水族箱应适当地接受白天的日光照射，但不要直射，每天最好达到1～2小时。如果选择照明灯的话，应选择日光灯照射。

每天开灯的时间长短要配合饲养者的生活习惯。所谓饲养者的个人习惯，在你回家半个小时后，灯开始亮，在你睡觉前半小时，灯被关掉。最好用一个自动定制开关来控制照明，因为开灯和关灯，鱼会从一个静止或活泼的状态忽然改变，加上人的忽然出现或消失，容易使鱼受到惊吓。

安装有支架的水族箱灯

如果水族箱的光线过暗，罗汉鱼就不容易发色，而且也容易引起食欲不振。另外，罗汉鱼水族箱设置照明设备有

合适的背景纸可以衬托出罗汉鱼的鲜艳颜色

利于主人欣赏。一般来讲，罗汉鱼在粉红色灯光下颜色看上去更美丽。尤其是在晚上，看着色彩绚丽、梦幻般的水族箱，欣赏罗汉鱼在水族箱中翩翩起舞，实为养鱼爱好者一个不可多得的惬意时刻。

在一般情况下，每天的照明时间在 8 ～ 12 小时，不超过 12 小时，并且要定时开关灯，使罗汉鱼形成一定的生物规律。关灯时要先关水族箱的照明灯，然后再关室内的照明灯；开灯时先开室内的照明灯，然后再开水族箱的灯。切忌不要直接开关照明灯，否则会惊吓到罗汉鱼。灯管使用一段时间后就会变暗，应该及时更换。一般使用 3 个月后就应该更换灯管一次。如果使用灯具较昂贵，可适当延长更换时间，大约半年更换一次也可。

养鱼的乐趣在于对鱼的管理与对水族箱的维护，必须做的事情是保证观赏鱼的健康状态。水族箱的主要作用之一是能够尽可能地模拟自然状态为罗汉鱼提供舒适安全的生活场所；其二就是水族箱可以布置得很漂亮，使罗汉鱼和水族箱一起成为欣赏的对象。

在水族箱的尺寸足够大、过滤效果非常好的情况下，水族箱的布局要尽可能复杂些，这样才能给罗汉鱼更多的玩耍选项。那么布局复杂是什么意思呢？就是要在水族箱中放上一些石头、沉木、PVC管等，以便罗汉鱼有躲藏之处。注意不要放置小块石头，这些小石头会被罗汉鱼叼起来，容易砸坏水族箱。当然，由于罗汉鱼的特殊品性，养殖罗汉鱼的水族造景普遍都比较简单，通常情况下只在水族箱后部贴上背景纸，水族箱底部铺设5～10厘米厚的底砂就可以养殖罗汉鱼了。偶尔也会见到水族箱中放置稍大的沉木或假水草、假珊瑚之类。

罗汉鱼的体色和背景纸的颜色有一定的关系。比如，用红色的背景纸就可以衬托出红马骝的鲜红体色；而花背景纸就可以衬托出珍珠品系罗汉鱼鲜艳的体色；如果水族箱中用“多格玻璃”的方式养殖了很多品种的罗汉鱼，则可以选择蓝色或黑色背景纸。总之，背景纸的颜色可根据养殖罗汉鱼的品种和个人喜好进行选择。

选择底砂作为背景时，要充分考虑水族箱中饲养的鱼种和水草等，底砂的粒径太小，不利于水草扎根且易沉积残饵和粪便，不易清洗，致使养殖水变坏。粒径

水族箱中铺设的大颗粒沙石

大小以3～6毫米为宜。罗汉鱼有搬弄底砂的习惯，所以水族箱内要加底砂，但因为罗汉鱼食量过大，排泄量也很大，出于清洁的目的，选择底砂时尽量选择大颗粒的，其大小最好配合罗汉鱼的嘴，比罗汉鱼的嘴稍大即可。

而底砂的种类则可根据个人喜好选择：有人喜欢选择石子作为底砂，因为石子颜色丰富，很好清洗；有的人则喜欢选择红色的火山石作为底砂，因为火山石为红色，可以起到为罗汉鱼增色的作用；还有人喜欢选择硅砂作为底砂，因为硅砂体积小，很适合罗汉鱼幼鱼搬弄，而且颇具观赏价值。

水草养殖是一种遵循自然规律的兴趣，在自然界天然水域中，水草通过光合作用产生氧气，吸收水生动物所排放的二氧化碳，同时水生动物排除的粪便通过硝化细菌等其他细菌的分解，成为被植物所利用的氮磷钾等元素。但是，饲养罗汉鱼不易种植太多花草，因为罗汉鱼属于喜欢中性偏碱的鱼类，而且天生具有破坏性，水草无法和其共生在一个水族箱中。

特别需要注意的是，无论选择哪种背景材料，在放入水族箱之前，都必须消毒、擦洗、防止病菌和其他有害物质等渗入水族箱。

水族箱内铺设沙石与罗汉鱼身体比例

良好的水环境有助于罗汉鱼发色

水族箱的安放和使用

水族箱摆放的位置，要方便日常生活和水族箱的维护，同时也要不影响罗汉鱼的生存小环境，保证能让它生活得舒适愉悦。

● 水族箱的安放

水族箱一般放置在家中的客厅、玄关、餐厅和书房，一般不放在卧室里。因为即使再好的设备，在夜深人静的时候运转，也会产生噪音。

考虑采光和观赏效果，是水族箱摆放的首要原则。

建议将水族箱放在与窗户相对应的位置，不要逆光放置水族箱，否则会影响平时的观赏效果。最好将水族箱放在向南的室内，并考虑阳光从窗户照入室内时间的长短。如果从窗户照入的全部是散射光，即没有阳光直射，水族箱就应该离窗户近一些。这样的位置，能保证水族箱一年四季光照充足、温度适宜。关键是这样放

水族箱应放在便于日常维护的方位

置，也可以使水族箱内温差变化较小。

需要注意的是，不要把水族箱放在阳台或者太阳直射的地方，否则容易影响水温及加速藻类生长。同时也容易缩短一些水族箱部件的寿命，比如一些水族箱的边缘、盖子是塑料制作的，阳光暴晒会让塑料逐渐变脆、褪色、破损。

安装水族箱，一定要预留电源插座，因为水族箱的运转需要用到大量的电器设备，隐蔽的电线能最大限度地增加美感，最好在装修时候就要预先考虑到。

水族箱摆放的位置、角度，要方便观赏，不要太高也不要太低。一般以坐在椅子上能和罗汉鱼平视为宜。

水族箱也不要放在空调能直接吹到的地方或者大门边，避免水温大幅度变动，影响罗汉鱼生长。

安装水族箱也不要靠近厨房，防止油烟落入水中，漂浮在水面的油膜会影响水的溶氧过程。另外，水族箱安装的地方要尽量方便换水操作，附近不要有怕水怕湿的器物家具。因为，即使再小心，换水的时候也会有少量水落在地上。

水族箱的摆放，除了美观欣赏，还要考虑罗汉鱼的生活习性，所以，水族箱最好避免放在客厅中人员来回走动比较多的地方，以减少对罗汉鱼的惊扰；也不要放在风扇下面或者门边、窗户边，以免罗汉鱼被风扇、窗帘的影子或者突然进来的人所惊吓，否则会对罗汉鱼的健康成长造成影响。

● 新水族箱的初次使用

新买的水族箱在使用前的消毒很重要。首先要用50克/立方米的高锰酸钾对盛满水的水族箱进行消毒，然后开启过滤系统进行水循环。这时候，最好用维生素C药片使水族箱里的高锰酸钾沉淀到底部，等箱内的水慢慢从紫色变为无色，再加入大量的盐浸泡。

等这些程序都做完了，就要用清水反复多次将水族箱冲洗干净，保证水族箱内没有高锰酸钾的残留。

自来水是家庭观赏鱼养殖中最常使用也最方便的水体。由于自来水是经过水厂处理过的可用于人类生活的水，其酸碱度接近中性，水质清洁，病原体较少。但用自来水养殖罗汉鱼，要注意清除氯，因为水中残留的溶解氯，对罗汉鱼来说是一种毒性很强的物质。

水体除氯的办法有三种：第一种是晾晒法，就是让自来水在阳光充足的地方暴晒三天，除去氯以后再使用。如果有气泵，可向水中不停地充气，对除氯也有好处。不过晒水需要较大容器而且除氯的效果很缓慢，对许多人来说，这种方法并不常用。第二种是化学法，可以在自来水中投入适量的硫代硫酸钠和氯发生化学反应，生成对罗汉鱼无害的钠盐，一般用10千克自来水加入1克硫代硫酸钠。第三种是使用市售除氯的药水。这些药水都比较安全、可靠，有些产品可以即刻除氯，又可稳定水质。为了保证水族箱的水质稳定，应该尽量保持水的恒温和干净。

温度对于鱼类是至关重要的，大多数鱼类不像哺乳动物那样靠自身保持体温，鱼只能适应自身生活环境的温度，因此，水族箱内的水温应该基本保持恒定。夏、初秋加入的水温应该等于水箱温度，深秋、冬、春的水温要高于鱼缸水温1～2℃。如果水温过低，可以加热水也可以用电热棒加热。

新水处理示意图

良好的过滤系统非常重要。此外，还要尽量保证鱼缸里不要有剩鱼饵出现，否则，剩鱼饵容易使鱼缸内蛋白质超标，从而导致细菌繁殖加快，威胁鱼类健康。为保证水质清透，鱼的排泄物要每天清理，不仅为了观赏，也是为了鱼的健康。

理想的水质标准用肉眼观察应该是：水质清澈，无颜色，缸壁内侧无水生微生物附着，水面无油膜和泡沫。从鱼缸长度（不是宽度）的一侧应该能够很清楚地看到另一侧的景物。

水体由于喂食、捕捞等原因造成的暂时性浑浊应该在很短的时间内自净。

养鱼初期遇到的最为常见的情况是水黄、水混、水绿。

如果是水黄，原因可能是：①水质过老（加强换水次数）；②饵料过多（减少食物投入量）；③过滤不够（加大过滤或在过滤中加活性炭）；④沉木掉色（更换沉木）。

如果是水混，原因可能是：①过滤不够（加大过滤，过滤机的过滤能力要足够大。要将水滤清，一般要求过滤量要达到 4 ～ 7 个过滤循环，具体讲，如果鱼缸的水是 200 升，就要配 800 ～ 1500 升/小时的过滤机）；②食料过多或鱼密度大（减少密度和食物投入量）；③长时间未清理鱼粪便（抓紧清理，勤换水）。

如果是水绿，原因可能是：①光照太强（适当调整鱼缸的位置，不要让鱼缸受阳光直射）；②硝化系统衰退（养水，建立硝化系统）；③过滤、喂食等问题。

● 换水与清污

罗汉鱼养殖过程中，换水是调节水族箱水质的有效方法之一，可以防止水质变坏，威胁鱼的健康。因此，必须根据水族箱的具体情况定期换水，通常情况下，每周换水一次，换水量为总量的 1/5 到 1/4，温差不超过 1.5℃，新水注入前应保证充分的曝气和过滤。

水族箱有过滤系统还需要清污吗？当然需要！不但需要定期清洗过滤系统，而且还要清洗水族箱底部及装饰物沉积的有害物质，这些是过滤系统无法清除的。所以，养殖爱好者应定期对水族箱进行清污，最好与换水同时进行。水族箱内清污通常用缸刷将箱体上的藻类和污物去除，底部通常采用虹吸法。

正确的换水方法

水族店中出售的各种罗汉鱼

罗汉鱼的选购

选购罗汉鱼，健康是第一位的，甚至比漂亮要重要百倍。一尾鱼无论看上去多么漂亮，如果不健康则千万不能购买。

确定拟购买罗汉鱼的规格，当然要考虑自己的饲养水平、个人喜好及经济能力。如果是新手上路，或无太多经验，最好选择购买个体稍大一些的罗汉鱼，饲养起来相对容易一些。因为同一批小罗汉鱼，长得较大的那尾一定是食欲旺盛、抵抗力强，相反，体形比较小的，则往往因为抗病力差、食欲差而成长缓慢。

那么如何选购健康的罗汉鱼呢？基本要求是身体健壮、活跃，品系特征要鲜明突出；头部隆高、浑圆、健美，荔枝头最好；身体各部位比例得当，体厚适中，左右对称，且体表平滑，体态优美、稳重；体色光彩夺目，最重要的是富有梦幻般的感觉；斑纹形似汉字的罗汉鱼为上品，最好斑纹延伸至腹鳍、背鳍和臀鳍；各鳍协调对称，鳍形硕大，弧度圆而顺畅，鳍条挺而有力，包尾为上品。

但罗汉鱼成鱼价格较高，所以，有些罗汉鱼爱好者会选购富有潜力的幼鱼，挑战自己的眼力和享受饲养过程中的乐趣。

市场上的罗汉鱼，一般是 7 ～ 8 厘米的幼鱼、15 ～ 20 厘米的亚成鱼，还有完全成熟的 30 厘米的成鱼。一般说，罗汉鱼大约要长到 8 厘米时，才会显现初步的斑纹和色彩，如果你选择的幼鱼还没有显现这样的斑纹和色彩，这就需要饲养者通过精心的饲养和仔细的观察，慢慢体验罗汉鱼逐渐变化的过程，领略它们逐渐美丽成长的乐趣。

喂养幼鱼的好处是幼鱼价格低廉、饲养成本低，挑选购买时所花的心思也少。只要小罗汉鱼健康、活泼，体态没有太大的缺陷就好。不过，购买幼鱼唯一难以确定的就是，这条罗汉鱼长大以后的品质和级别。幼苗短宽的，以后未必短宽；幼苗嘴短的，以后未必嘴短；唯一能确定的就是幼苗身上的珠点，幼苗随着长大，珠点会变亮

健康的罗汉亚成鱼

健康的进口成年珍珠罗汉鱼

或者变暗，但珠点是与生俱来的。除此以外的身形、颜色、额头，都不能从幼苗期看出来，所以选购幼鱼，要选同批鱼苗中个头大的、食欲强的、体色珠点多的。

如果选购亚成鱼，罗汉鱼的体形和花色已经初现端倪，大体能确定这条罗汉鱼将来的品质和级别，当然这样的鱼苗相比幼鱼，价格也相对较高。而且，对于没有饲养经验的饲养者来说，罗汉鱼已经显现的某些品质如色彩、斑纹，也会在不经意间退化或者消失。

但，如果直接选择一条体形和色彩都已发育完整成熟的成鱼，特别是选购一条有名头的罗汉鱼，自然售价不菲。对于养殖爱好者的财力和饲养经验都是一种挑战。

下面这些技巧，对于新手选购罗汉鱼尤其实用。

首先，观察鱼儿是否吃食，是否怕人。踊跃游动，与人有互动，是鱼儿健康活泼的

健康的鱼不怕人且会追着人手游动

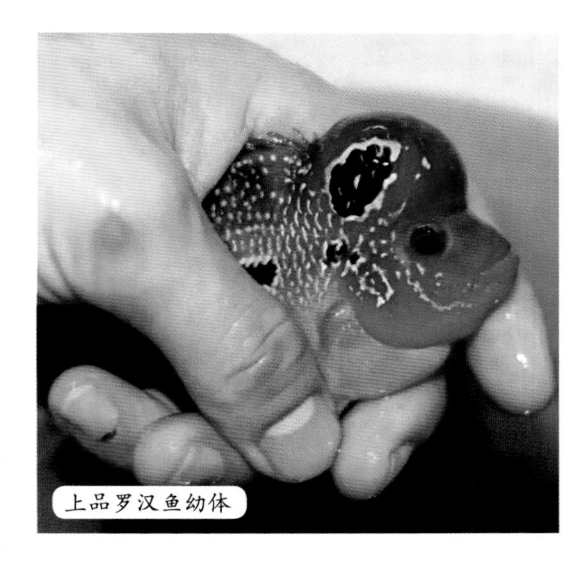
上品罗汉鱼幼体

标志。其次，要注意鱼体各部分的比例，比如鱼体宽度和长度的比例，眼睛的大小和鱼体的大小是否成比例等。正常生长的8厘米以内的小鱼，背鳍、腹鳍的长度决不会超过尾鳍的外缘。

具体到各部位而言，观察体形：要选择体形短而宽的，鱼体弧度要饱满，鱼儿体高和体长的比例最好在1∶1到1∶1.5之间。如果头部呈刀片状和身体单薄，就说明鱼先天或在生长中受到了影响，被称为老头鱼。

观察头形：鱼儿应嘴短，头圆且饱满。如果是没有起头的幼鱼，要观察幼鱼两眼之间是否有一条清晰的头线，因为罗汉鱼起头是从头线以上部分开始隆起的，头线越清晰的幼鱼，起头的概率就越大。

观察体态：背鳍、尾鳍、臀鳍能完全展开，对称均匀，无明显残缺。

观察体色：要选购底色浅，颜色鲜艳的，因为进口罗汉鱼往往底色较浅，颜色鲜艳，但价格一般较贵。珍珠品系罗汉鱼要选购体形好，珠点、亮片清晰的，墨斑最好从腮部一直贯穿到尾部而无间断。金花品系的罗汉鱼以单色系的品种比较多，身上几乎没有珠点、亮片，墨斑随着成长也会渐渐褪掉，所以在选购金罗汉鱼时，要选购颜色鲜艳的。

如果是进口罗汉鱼，还会出现体色发黑的现象，这是由于国内水质和国外水质差别导致的，稍过一段时间，等罗汉鱼适应了国内水质，体色就会逐渐恢复正常。

观察眼睛：健康的罗汉鱼，眼睛神气，如宝石般清澈明亮。如果眼睛出现白蒙或者过分突出，说明已受到细菌感染。

精品罗汉鱼品种从5～6厘米的小鱼起就应该看到饱满的水头隆起。珍珠类罗汉鱼身上的墨斑花纹，以规则排列的双排花纹或从头至尾柄连续成一条龙花纹为上品，颜色应通透亮丽，珠点清晰匀称，无人工上色的现象；金花类罗汉鱼要求墨斑

清晰或无墨斑，颜色自然，头形饱满，上下鳍包尾，双唇密合为上品。

有人认为5～6厘米的小罗汉鱼正常生长还不会有超级水头，这样的想法未免有些片面。目前马来西亚、泰国等观赏鱼业发达的国家培育出的A级以上品质的罗汉鱼在很小的时候，就已经呈现出了成鱼的某些特征。

简而言之，挑选罗汉鱼和挑选任何别的心仪的商品一样，只要是自己喜欢的外形、颜色，而且鱼儿健康活泼，就是养鱼者的最佳选择。

罗汉鱼的健康原则上主要从三方面进行判断：①从鱼体表看，鱼体干净，无黏液附着，无白蒙，无体表溃烂，鱼鳍、鱼鳞等完好无缺，眼睛明亮；②从游姿看，游动自如，表现出活泼的游姿，无倒立游动，无侧游、仰游，无抖动，遇到外界刺激能快速躲藏或逃避，应激性较高；③从吃食看，抢食快，灵活，食欲强。

放养在水族箱中应为健康活泼的鱼体。将鱼儿买回家后，准备放入水族箱前，万不可直接拆包将鱼放入水族箱中，否则鱼会因环境急剧改变而不适，甚至死亡。

正确的做法是，应先将装鱼的塑料袋外部洗干净，并整体浸入水族箱中泡15～20分钟，并在鱼袋里放入浓度0.1%的食盐水，以杀灭鱼体表面可能存在的病原体。待塑料袋内外水温基本一致后，再打开塑料袋让鱼缓慢游出。

注意：只将罗汉鱼放入水族箱，鱼袋里的水尽量不要混入水族箱。

新购买的罗汉鱼入缸程序及注意事项有：

①清洗消毒鱼缸及器材。将所有的器材、设备及滤材放入水族箱中，然后放满水加入高锰酸钾等消毒药彻底清洗消毒。

②调好水温，滤棉上倒入硝化细菌开始养水，布置水族箱。

③水养好后购鱼。

④新购鱼鱼体消毒。将鱼连同装鱼的袋子一同放入鱼缸中 15 ～ 20 分钟适应温度；然后开袋子兑入事先配好的高锰酸钾（水色呈玫瑰红色即可）或者 0.1% 食盐水消毒 10 ～ 15 分钟。

⑤过水。用玻璃杯将水族箱中养好的水缓慢多次兑入到袋子里让鱼逐渐适应水质（过水次数越多，时间越长，鱼越容易适应新水）。

⑥将袋子里的水全部倒掉，不要带到水族箱里。

⑦禁食几天以预防肠炎，并尽可能避免惊吓到鱼。新鱼入缸抵抗力低，应勤观察；尤其经过长途跋涉的鱼更应注意。

⑧等鱼进一步适应环境后根据情况适时开食。

一直在水上层游来游去，索要食物的鱼是非常健康的鱼

罗汉鱼饵料和投喂

罗汉鱼是杂食性偏重于肉食的鱼类。动物性饵料、植物性饵料均可，通常用来喂养罗汉鱼的饲料有小鱼、小虾、切碎的肉类、昆虫幼虫、蚯蚓、水蚯蚓等。其中最理想的饲料是虾。罗汉鱼在人工饲养条件下，可食人工饲料，通常选用颗粒饲料。颗粒饲料粗蛋白、粗脂肪等含量丰富，并富含各种维生素、天然色素等。

当然了，罗汉鱼的喂食，应该按照不同的生长阶段，投喂不同的食物：

鱼体小于 2 厘米的时候，主要以鲜活的红虫为主。

鱼体长到 2 ～ 7 厘米的时候，主要以血虫为主。

鱼体长到 7 厘米以上，主要以活虾为主。

鱼体长到 12 ～ 14 厘米的时候，食物从虾、冻血虫、小鱼过渡到人工饲料。

饵料投喂应遵循“四定”的原则，即“定量”“定时”“定质”“定位”。

定量：指每天、每次投喂的饵料数量应一定。当然这也不是绝对的，要根据鱼

各种罗汉鱼专用饵料

儿的摄食情况、性成熟程度、水质情况做适当的调整。通常情况下，每次投喂量应以鱼儿 5 ～ 15 分钟内吃完为标准。

定时：每天投喂 2 次，且最好固定时间。

定质：投喂的饲料要新鲜，营养全面。

定位：每次投入饵料都选择水族箱的固定位置。

长期坚持“四定”喂法，还能训练罗汉鱼形成条件反射，时间一长，不但能养成罗汉鱼定时定点吃食的习惯，还能增加罗汉鱼的灵性，增进罗汉鱼与主人的感情。

需要注意的是，鱼儿入缸后，至少 24 小时内不要投喂，因为鱼儿刚到新的环境，需要一段时间的适应，所以鱼儿一般不进食。鱼儿放养 24 小时后，熟悉了周围的环境，便可进食。开始几次最好喂人工饲料，而且投喂量不要太多，以 5 分钟吃完为度。

如果新买回家的罗汉鱼出现体表发黑、额珠缩小、色泽减退不如原先鲜艳，都属正常现象。这是因为罗汉鱼需适应环境，过几天就会自然恢复。

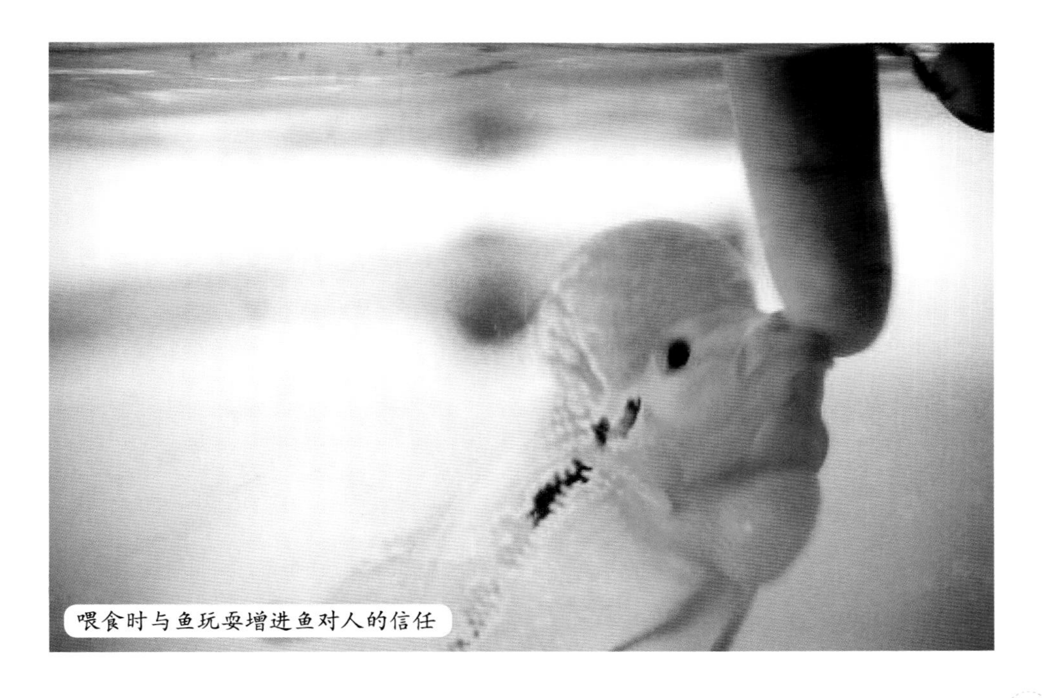

喂食时与鱼玩耍增进鱼对人的信任

繁殖中的罗汉鱼

罗汉鱼的繁殖

● 辨别雌雄

与其他观赏鱼类一样，罗汉鱼长到 15 厘米左右即可辨别雌雄。罗汉鱼的雄鱼和雌鱼特征明显。雄鱼有雄伟的额头，雌鱼没有。雌鱼比雄鱼早熟，雌鱼一般 4 ～ 6 个月成熟，雄鱼要长到 3 龄才成熟。而且，雄鱼身体也比雌鱼粗壮得多，用手触摸腹鳍，雌鱼腹鳍较软，雄鱼腹鳍较硬。第 1 至第 6 背鳍棘较粗且圆形的为雄鱼，较细、扁形的为雌鱼。

其实最精准的区别办法是看罗汉鱼的生殖器。雄性生殖孔呈“V”形，雌鱼生殖孔呈“U”形。

● 亲鱼的选择

罗汉鱼是多种鱼类经过复杂的杂交产生的，所以鱼类遗传基因很不稳定，有时，一批小鱼中一条标准的鱼也没有；有时候，一批小鱼中会有几十条标准鱼。所以，繁殖时要仔细挑选已经性成熟并各方面都很标准的雄鱼和花色艳丽、品系性质特征明显的雌鱼作为亲鱼。

总体要求：鱼体质健壮、无病、呼吸均匀、食欲良好，品种特征明显。

年龄或规格：体长为 23 ～ 27 厘米。雌、雄比例通常为 1∶1。头部：饱满突出。体形：肥瘦适中。体色：光彩艳丽。斑纹：复杂多变，条理清楚，形似汉字。鳍：鳍形硕大，鳍条硬，挺而有力。

● 繁殖缸

亲鱼选择好了，就要准备繁殖缸了。繁殖缸规格为 100 厘米 ×50 厘米 ×60 厘米，配有过滤、换水、充氧、温控装置。水源为地下水经等离子交换树脂处理后与地热水勾兑而成，繁殖水温为 28℃。最好放“水妖精”（海绵过滤器）维持水质。

品质优秀的雄鱼

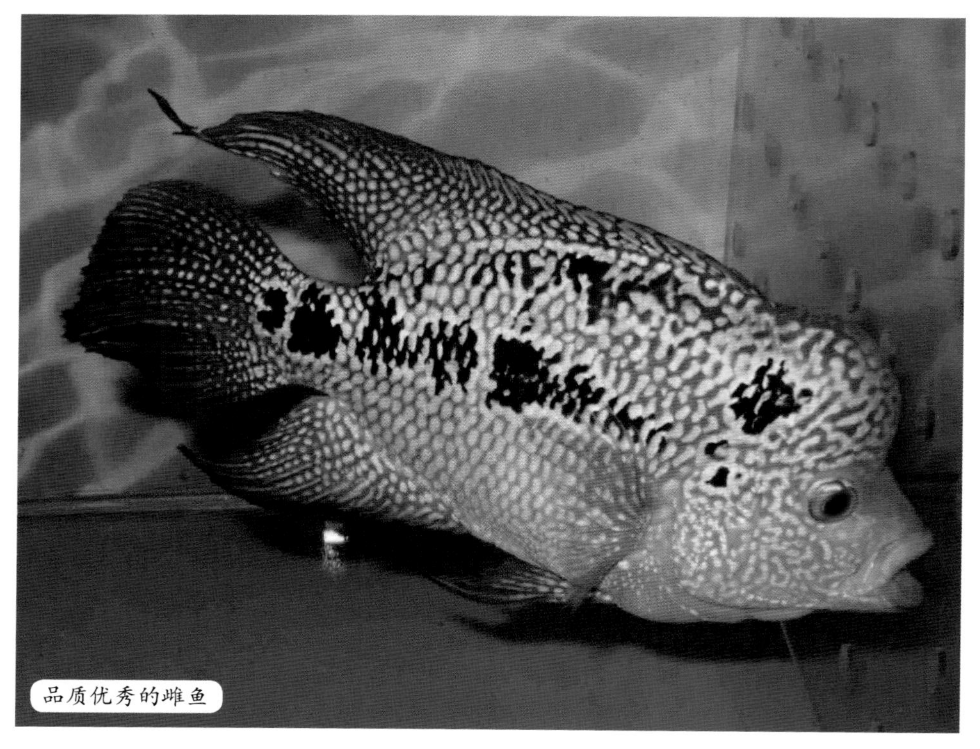
品质优秀的雌鱼

● 亲鱼的培育

将挑选出的罗汉亲鱼放于亲鱼培育池小网箱内，每个小网箱放 1 尾。每日 2 次对水温、pH、溶氧状况进行定时监测，水温控制在 27 ～ 29℃，pH6.5 ～ 7.0，每日利用排污管排出底层污水，并加入少量新水。每日投饵 3 次，饵料以冰鲜小虾、红虫、水蚯蚓和面包虫为主，投喂量以鱼在 20 分钟内吃完为宜。

● 配组

罗汉鱼有自行择偶的习性。亲鱼培育 15 天后，每个繁殖用水族箱放入 1 尾雄鱼和 4 尾雌鱼。发现入缸后的雌雄鱼大打出手，就要将雄鱼和雌鱼用网片隔开，让它们隔着网片互相熟悉，培养感情。每日投喂 2 ～ 3 次，饵料与亲鱼培育相同。每日仔细观察，发现有主动接近的雌鱼时，将其他雌鱼捞去，撤掉隔离网片，雌雄鱼即有可能配组成功。

如果出现攻击现象，且持续时间较长，可将雌鱼取走，重新配组。

● 亲鱼繁殖行为

在繁殖时期，可将发情的雌雄亲鱼放入同一缸中，但要用隔板分开，直到它们喜欢上彼此，并产生“爱”的火花。雄鱼出现挖掘底砂的行动时，才可把隔板拆掉。相好一段时间后，雌鱼将卵产于平坦的物质上，每次产下 20 ～ 30 粒的卵粒呈线条形排列，雄鱼随即射出精液，进行体外授精，直到雌鱼将全部的卵产下为止。整个产卵受精过程持续 1 ～ 2 小时。

这时候，要保持绝对安静，同时配以柔和的灯光，并尽量不要打扰它们。

● 孵化

产卵完毕后，将附着有受精卵的产卵盘取出，放入 2% 食盐水中浸泡 5 分钟，进行消毒，然后放入另外一个水族箱中进行孵化；孵化时保持微流水状态，在水温 27 ～ 29℃条件下，孵化时间为 62 ～ 73 小时。初孵仔鱼不能正常游动，尚不能

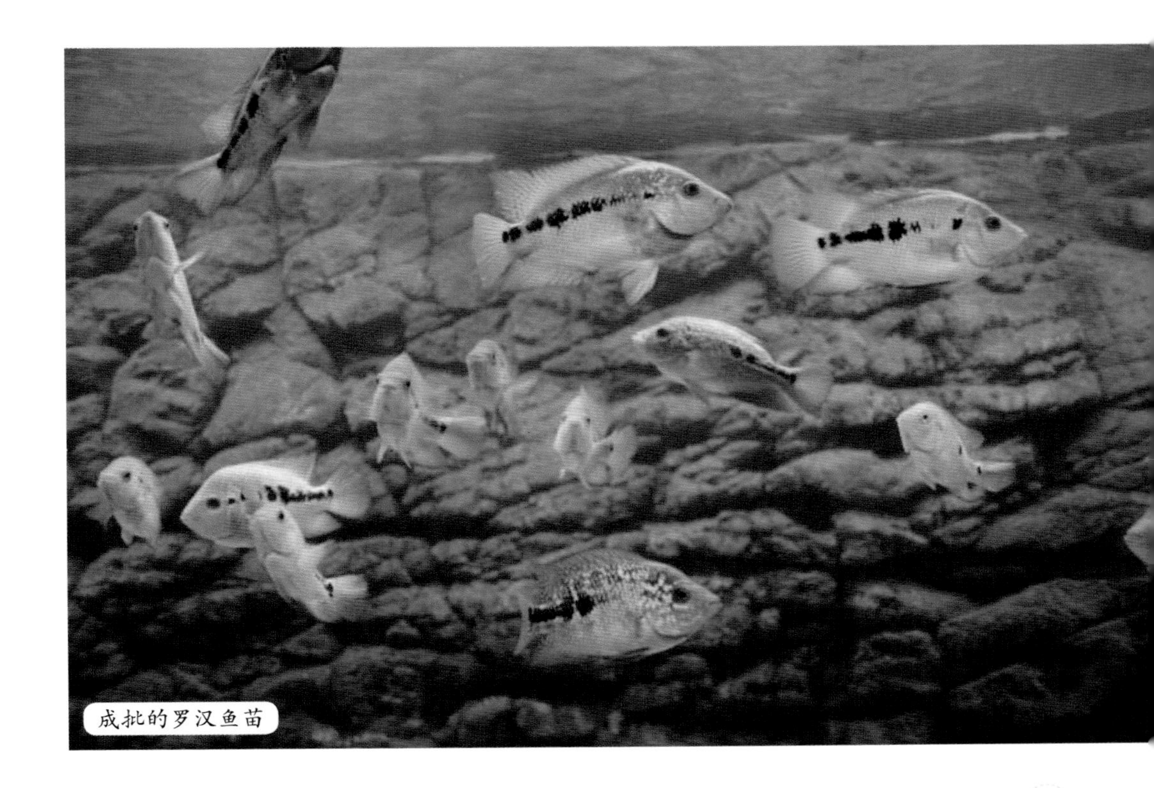
成批的罗汉鱼苗

摄食，依靠卵黄囊生活；3～4天后，卵黄囊基本吸收完毕，消化器官基本发育完成，即可游动且能主动摄食。应及时将仔鱼移至苗种培养箱中转入苗种培育阶段。

● **苗种培育**

鱼苗培育箱规格为150厘米×50厘米×50厘米，配备控温、充氧、过滤设施。将鱼苗带水移入鱼苗箱中，投喂适当的洄水和丰年虾，4天后投喂个体较大的枝角类、丰年虫等。从池塘捞取的浮游动物要先用2%食盐水消毒再投喂，以免染病。孵化后10天左右的小鱼可以吃经过过滤的小红虫，长到15天左右，就可以吃红虫了；长到一个月，就可以吃血虫了。

经过30天的饲养，鱼苗体长可达到3厘米左右，这时候，就什么都可以吃了。培育过程中，要随着鱼苗的生长而分箱，以免密度过大缺氧而造成死亡。罗汉鱼长到6～9厘米时需要分开单独饲养，以免发生打斗导致死伤。

隔离饲养的大规格罗汉鱼苗

单独饲养、水质良好是减少罗汉鱼发病的关键

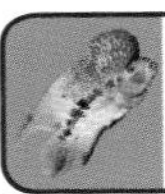

罗汉鱼的疾病防治

罗汉鱼体质强健，只要保持良好的水质，一般很少患病。这种鱼的病害大多因为精神紧张、外伤、营养不良、水质恶化等原因引起。其中，外伤的原因包括个体打斗、鱼与水族箱内壁或者景物的碰撞、装袋捕捞或网具的伤害等，并且由此继发感染，使鱼患病。

罗汉鱼的病害一般包括以下几类。

● 白点病

病因：水温剧变，水质恶化，鱼体自身抵抗力弱，造成小瓜虫寄生。

病症：鱼体和鳍上出现1毫米以下的白点，严重的时候，甚至会遍布鱼的躯干、头、鳍、腮及口腔，体表黏液增加，表皮糜烂、脱落，病鱼消瘦，游动异常，经常与水族箱内壁摩擦，最后病鱼因呼吸困难而死。

治疗方法：由于该病发病较急，一旦发现，就需要尽快处理。2克/立方米甲基蓝药浴3～5次。

● 烂鳍、烂尾病

病因：细菌侵入。

病症：鱼鳍溃烂，病灶处出血，上面附有黄白色的雾状物。随病变，鳍慢慢烂掉，严重者形成秃鳍；尾鳍最常见。

治疗方法：换水，水温提高1～2℃，用2克/立方米甲基蓝药浴。

● 水霉病

病因：水温较低；真菌侵入。

病症：前期鱼体擦缸，而后鱼体长出白色的纤毛状的物质。

治疗方法：2克/立方米甲基蓝药浴3～5次。

● 蒙眼病

病因：水质pH突变，鱼体免疫力弱；细菌侵入。

病症：眼外凸，外面像蒙一层白膜，眼球混浊。

治疗方法：换水，并用2克/立方米甲基蓝药浴7～8次。

● 肠炎病

病因：投喂不干净的饵料；体内寄生虫。

病症：肛门附有白色黏状物，腹部肿胀，出现黄色或淡黄色的连续粪便。

治疗方法：停食，水温提高1～2℃，同时配以药物。

● 头洞症

病因：细菌或寄生虫导致。

病症：面部、鼻子有不规则小洞，鱼体发黑，腹部凹陷。

治疗方法：换水，同时用5%～10%食盐水浸泡鱼体。

● 肿嘴病

病因：长期不换水，或换水不足；细菌侵入。

病症：鱼唇出现小米一样的颗粒，严重者鱼唇会脱落，很可怕。

治疗方法：换水，嘴部涂抹稀释后的高锰酸钾。

● 竖鳞病

病因：水质恶化，鱼体免疫力下降。

病症：全身鳞片竖起，腹部肿胀，鳞囊充满积液，用手轻压，有液体射出。

治疗方法：1 ～ 1.5 毫克/升的漂白粉水体浸泡鱼体。

● 寄生虫

病因：大多数是外界带入。

病症：体表寄生鱼虱、锚头蚤等寄生虫。病灶处充血发炎，严重者溃烂。

治疗方法：0.5 毫克/升的敌百虫浸泡。

在水族箱内病菌含量少的情况下，罗汉鱼眼睛清澈明亮

虽然鱼体患病是令每一位养殖者最头痛的事情，但只要正确做好管理，保证水质清洁，食物干净卫生，罗汉鱼还是一种比较好饲养的鱼种。

而罗汉鱼一旦患病，也千万不要着急，能不使用药物，尽量不使用药物；非要使用药物时，一定对症下药，不要多种药物同时使用；也不要先投放了一种药物，感觉两天不好用就改用另一种，

观察到鱼有些异常时，可以先用“老三样”试试看，就是加盐+换水+升高温度 2℃（一般保持在 32℃）。

罗汉鱼治疗注意事项：

治疗的同时，必须将水族箱和工具进行消毒，增加鱼的营养和抵抗力。

水族箱养殖的夏季管理很重要。夏季气温较高，特别是南方，会造成水族箱内水温也升高。一般情况下，当水族箱的水温超过 30℃时，鱼儿会出现“中暑”现象，且水温高会加快水质恶化的速度，所以夏季应适当增加换水和吸污的次数。

赏鱼篇

鉴赏一尾漂亮活泼的罗汉鱼，会让你在不自觉中陶醉并有一种怡然自得的感觉。

 罗汉鱼的整体鉴赏标准

鉴赏一尾漂亮活泼的罗汉鱼，会让你在不自觉中陶醉并有一种怡然自得的感觉。和谐沉稳不失优雅的泳姿，光艳迷人充满灵气的体色，高耸浑圆的神秘额珠，飘逸宽阔的鱼鳍以及高背短身、健壮厚实的身躯，都显示了罗汉鱼卓尔不群的品质。

罗汉鱼的审美与鉴赏，绝对不应只从单一角度观看，而是以鱼体各部位的匀称与整体比例的协调等多个层面的综合考量来决定，欣赏的重点分别是：体形、体色、珠点、花纹、头部、眼睛与鱼鳍。一条完美的罗汉鱼评鉴可以这样描述：短身高背，躯体厚实，泳姿优雅，与人玩乐，对比强烈，光艳照人，均匀密布耀眼闪烁

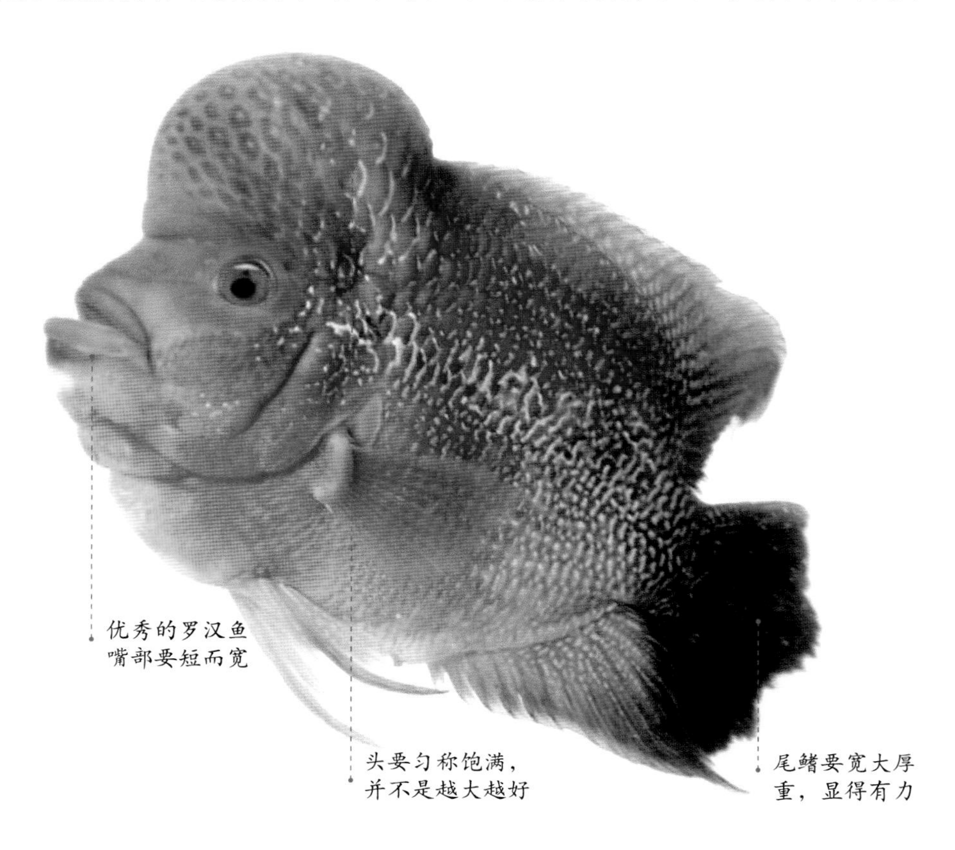

花纹，银线包裹，厚重清晰，头部高耸挺立，盈满硕圆，满目灵气，目光如炬，完整宽阔，张如扬帆。总而言之，鉴赏鱼儿的整体气质是最为重要的。

罗汉鱼的美感由先天的外形及后天饲养照顾的用心程度评判，包括第一印象。整体美感应包括：躯体协调匀称，游姿顺畅俊美，气度卓尔不凡，生性活泼灵动，不因旁人视线而畏惧为佳。这整体美感应占鉴赏评分的15%。

赏鱼体之美

● 头部

罗汉鱼的头部是整体观赏的重点。罗汉鱼之所以被命名为“罗汉”，也是因为有一个浑圆饱满、高高隆起的头（也叫额珠）。但额珠也不是越大越好，需要配合体形均匀成长，大小比例合适。

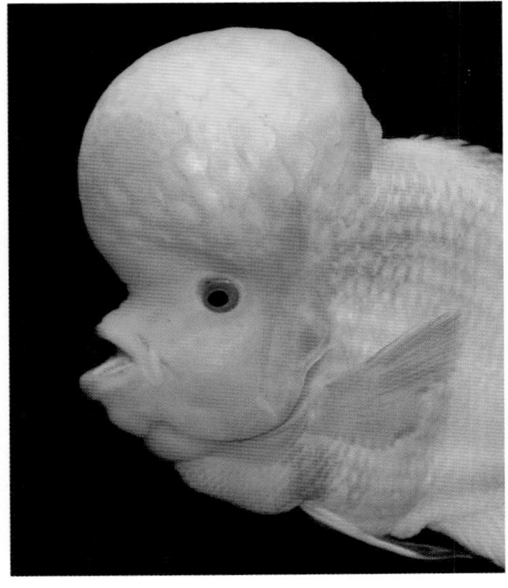

罗汉鱼的额珠一般分为骨头、肉头和水头 3 种。骨头摸上去较硬，不会随着罗汉鱼的成长缩小或者变大，像个小包，有时会发黑。肉头摸上去较软，不透明，它会随着罗汉鱼的成长不断增大，但遇到鱼儿受惊吓、患病或水质不良等情况时，则会暂时缩小，直到安定下来并恢复正常状态后，才会恢复到原来的大小。水头摸上去更软，感觉里面像灌满了水，呈透明状，水头也会慢慢长大，但一般比肉头小。肉头和水头看上去较润泽，自然也更受大家喜爱，所以购买时具有水头或者肉头的罗汉鱼为首选。

罗汉鱼增大额珠的方法：

● 选择额珠突出的亲鱼，其子代出现额珠的概率就会大。

● 给罗汉鱼提供宽敞、安静的环境，有效消除罗汉鱼的紧张情绪，有利于其额珠增大，如果受到惊吓，额珠就会缩小。

● 模拟自然环境，将水中ph调整到 7.5 ～ 7.8 ，刺激罗汉鱼发情，促使罗汉鱼体内荷尔蒙分泌增加，可以促进额珠生长。

● 饲料要含有高蛋白质，比如红虫，面包虫，小虾等，另外，喂食要定时定量，防止暴饮暴食。

● 将一只温顺的血鹦鹉，放到水族箱内，让它成为罗汉鱼的“沙包”，不断激起罗汉鱼的斗志，额珠成长的效果明显。

红虫

面包虫

从正面观看时，罗汉鱼头部应左右平均且饱满圆润。分布于头部的墨斑鳞片大小适当，若能左右对称更好。而红点或珠点，也必须平均分布于头部，而无大小不均或出现杂斑。如果红点广泛分布于头部，且分布非常均匀，则称其为荔枝头。如果一尾罗汉鱼具有荔枝头，那它的身价也提高了很多。另外，如果头部的墨斑鳞片能形成文字且寓意美好，如呈“福”“发”“爱”等字的形状，则为上品罗汉鱼。

● **身形**

罗汉鱼的身体要有整体感，身体比例合适（最好为正方形或长方形）。体长与体高的比例最好为（1.5：1），身体要左右平衡、对称，并且浑厚有肉，骨瘦如柴的体形显现不出罗汉鱼威武的英姿，身体厚实的罗汉鱼给人感觉自信有活力，如果搭配上比例适当的“荔枝头”，则更能显示雄壮气势，为上品。此外，罗汉鱼体形还有元宝形、短身形等，体形比例独特，为罗汉鱼增添些许个性，也为它增色不少，所以也有很多罗汉鱼爱好者特别挑选体形怪异的罗汉鱼进行饲养。

完美身体比例的罗汉鱼

颜色艳丽的罗汉鱼

● **颜色**

罗汉鱼的颜色当然是越光艳越好，但也要注意色调的搭配是否协调，一般以红底色为佳。

罗汉鱼的体色一般由红、黑、白、黄、蓝、绿、橘黄等组成，但没有一尾罗汉鱼的身上同时具备这些颜色，大部分罗汉鱼的体色由红、黑、白 3 种颜色组成。罗汉鱼被视为风水鱼，原因之一就在于体色上常出现红色，因为这种红色鲜艳夺目、与众不同，有吉祥和红红火火的寓意。在鉴赏罗汉鱼时，通常以体色鲜艳、对比感强，整体色调搭配和谐、匀称为佳。

小知识

罗汉鱼增色的方法：

● 水族箱的背景要鲜艳，水底砂用红色的火山石等。

● 罗汉鱼在pH6.5～6.8的水中体色会更加鲜艳，身体上的金点也会更多。

● 利用罗汉鱼额珠增大的方法，激起罗汉鱼好斗的天性，同样可以使罗汉鱼体色增强。

● 饵料中加色素，如大麻哈鱼（鲑）或鳟鱼的肌肉色素，又名夏黄质（胡萝卜素的一种）。吃过含有这些增色成分的人工饵料后，罗汉鱼的的体色会逐渐变得鲜艳起来。

● 多喂虾，虾有大量的花青素和蛋白质。

● 食用红色素和普通罗汉鱼的饵料混合在一起，搅拌均匀，倒入培养大麦虫的盒子里，和面包屑或馒头屑一同饲养大麦虫。大麦虫食用这种混合物后，经过3～4天，其体色明显发亮且发红。待大麦虫已经吸收了足够的红色素，体色明显透红时，以这些大麦虫饲喂罗汉鱼，大约经过1周后，罗汉鱼体色也会明显变得鲜艳。

火山石

虾

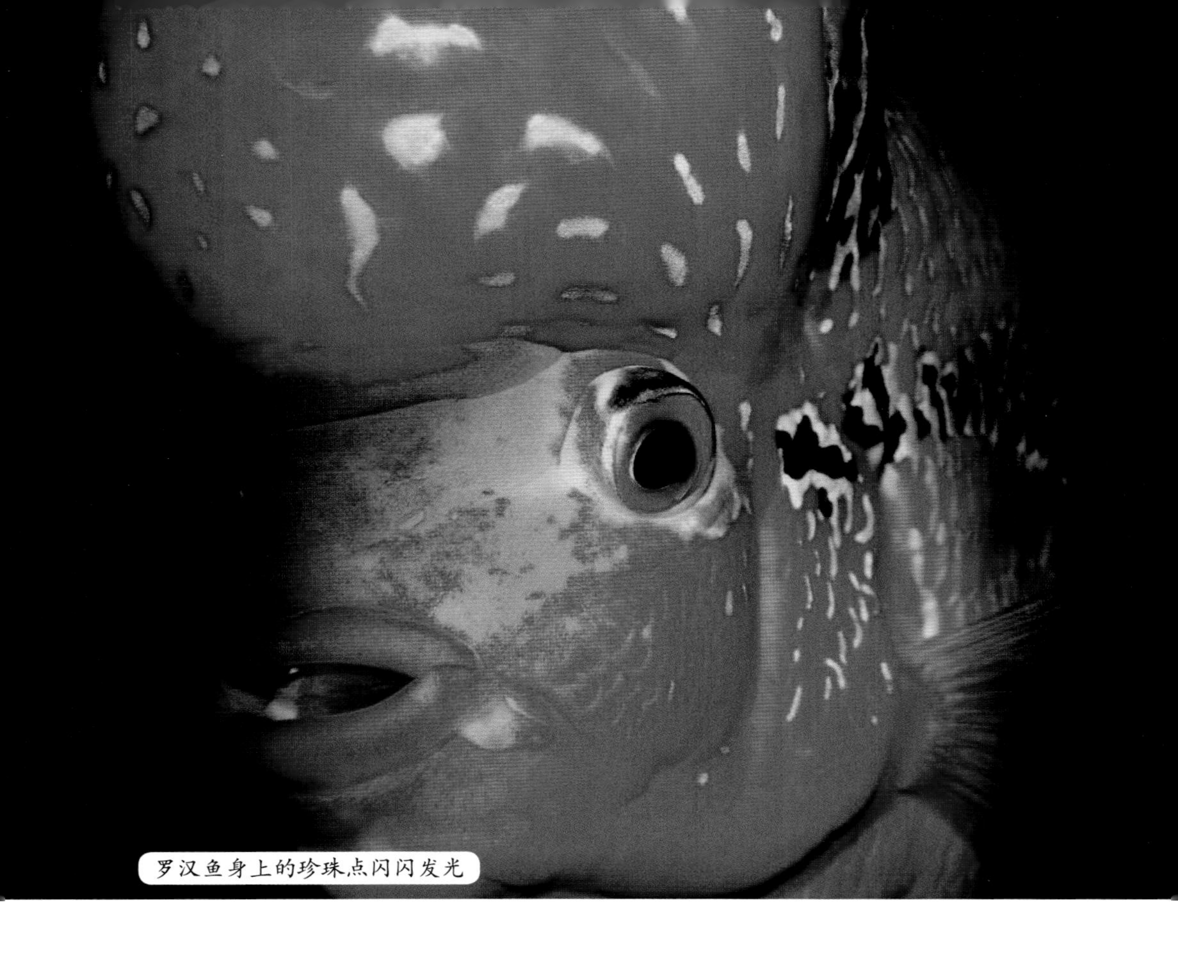
罗汉鱼身上的珍珠点闪闪发光

● 珍珠点（金点、亮点）

罗汉鱼的珍珠点在体侧的分布要均匀，最好整身都有，紧密地散布在每一片鳞片与每一副鳍上。珠点须晶亮耀眼、晶莹剔透，如果躯干的珠点能延续到各鳍，连接成一整体，为上品。

罗汉鱼体色的另一惊人之处在于，当观赏者站在不同角度观赏罗汉鱼的时候，体色往往会展现不同的视觉效果。尤其是身上的蓝白亮点，在灯光的衬托下闪闪发亮，就像一粒粒的钻石镶嵌在罗汉鱼的身上，璀璨夺目。

● 墨斑鳞片

罗汉鱼的墨斑鳞片至少应该超过身体的一半（无斑珍珠罗汉鱼和金马骝罗汉鱼例外），若从鳍盖一直延伸到尾部是最佳的。一般对墨斑鳞片的要求是大、多且明显，由眼部附近一直分布到尾柄部位，以黝黑鲜明为好。这些墨斑鳞片必须被银色的鳞片包住，称为银线包墨。如果这些银线将墨斑部分遮盖，而幸运的形成文字或者图案者，此时罗汉鱼的身价就会大涨。

墨斑鳞片若为双排（另一排靠近背鳍部），两排墨斑都排列整齐，非常漂亮，则为罗汉鱼增色不少，因为长得美观的双排花纹罗汉鱼是很少见的。

罗汉鱼的墨斑鳞片必须能把罗汉鱼的体色和体形的美感烘托出来，如出现格格不入的感觉则效果不佳。

墨斑丰富，排列美丽

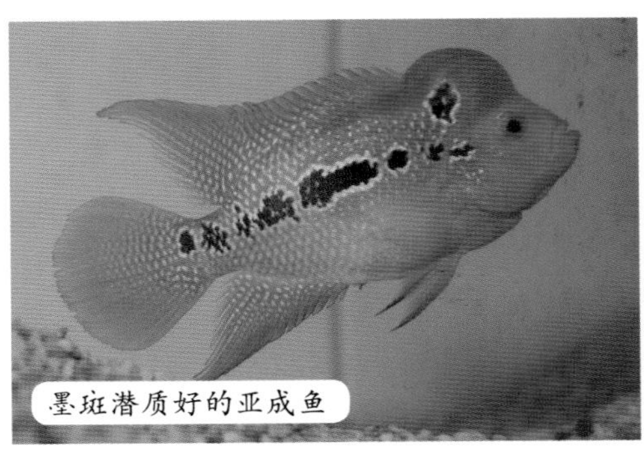

墨斑潜质好的亚成鱼

墨斑和珍珠斑的对比美

清澈明亮的眼睛

● 眼睛

罗汉鱼的眼睛为红色（金花品系的罗汉鱼则以白色为佳），眼珠为黑色圆点。一条高品质的罗汉鱼眼珠要黑得黝亮，红得朱赤，红黑分明；如果为白眼，要黑白分明。眼睛必须恰当分布鱼头部两侧的位置，成对称状，一条好的罗汉鱼必须具备清澈明亮的眼睛。

● 嘴部

此外，罗汉鱼的嘴部不要过长，以短小为佳，口、腮最好带有前半身色系。

● 鱼鳍

罗汉鱼的鱼鳍应形状、大小对称，与体形的大小比例均衡。罗汉鱼的鳍部，要求鳍缘完整无缺损，鳍条清晰，各鳍挺直延展，鳍面宽敞巨阔，且与鱼体搭配完美。背鳍、臀鳍最好修长且末端呈尖形，但不宜过长，以张开有力、鳍形飘逸优雅为佳，两个鳍的形状、大小也最好对称。整体观看，如果背鳍或胸鳍过长，时常会发生下垂或折断的现象，这样便失去活力。当然，还要注意胸鳍、腹鳍和尾鳍不能有折断或残缺的现象，这点常常被人们忽略。各鳍的颜色与体色的协调性也是参考的要项之一。

欠佳的背鳍

发达的背鳍、尾鳍

灵动的游泳姿态

 赏泳姿灵动之美

泳姿也是鉴赏罗汉鱼的一大标准。优秀的罗汉鱼，泳姿不慌不忙、神采奕奕，仿佛“君临天下”的样子。身体各部位的鱼鳍伸张正常，不会有缩鳍的现象，亦不会出现碰撞、一直抖动身体或以身体摩擦水族箱箱壁等情况。

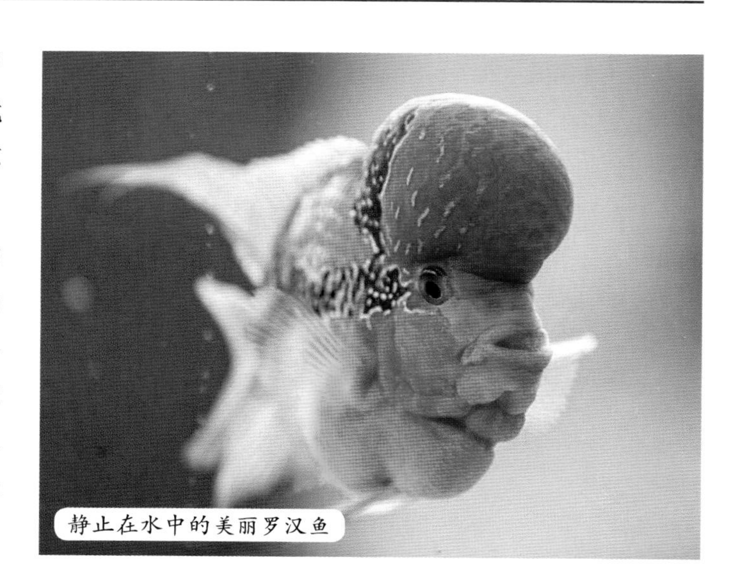
静止在水中的美丽罗汉鱼

赏个性独特之美

罗汉鱼喜欢和人嬉戏、玩耍，这是罗汉鱼独特的个性。绝大多数罗汉鱼在饲养一段时间后，都会在人们靠近它的时候迅速游到人们面前，当你扬起手来，它就会

全蓝的罗汉鱼是极特殊的个体

铜色是很少见的颜色

跟着你的指挥跳起舞来。当你将手伸入水族箱中，它还会柔顺地将身体依着主人的手蹭来蹭去，绝不会有慌张、凶暴的样子。但有的罗汉鱼只认识熟悉的人，如果有陌生人靠近，它也会表现出凶暴的样子。

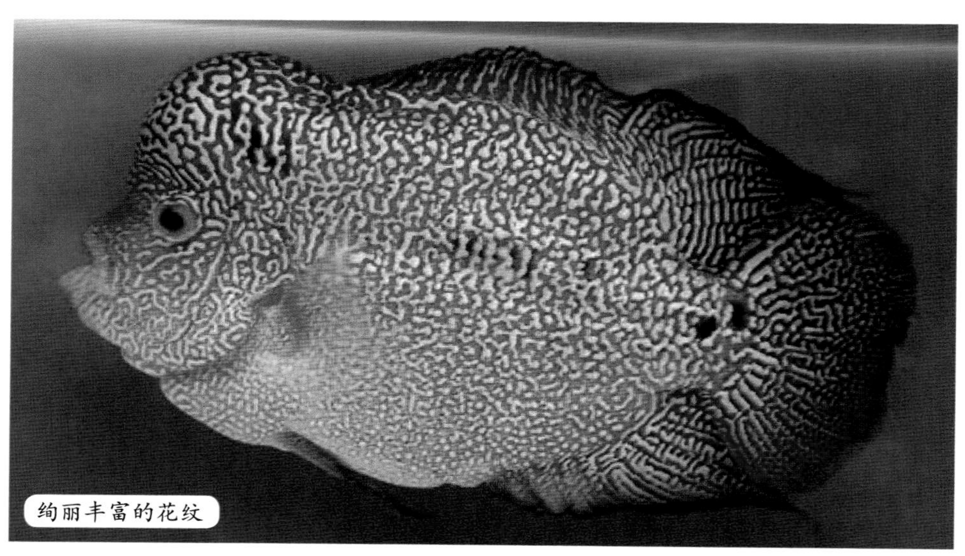
绚丽丰富的花纹

如戏曲中孙悟空脸谱图案的罗汉鱼

附录

一、观赏鱼知识

观赏鱼是指那些具有观赏价值的有鲜艳色彩或奇特形状的鱼类。它们分布在世界各地，品种不下数千种。它们有的生活在淡水中，有的生活在海水中；有的来自温带地区，有的来自热带地区。它们有的以色彩绚丽而著称，有的以形状怪异而称奇，有的以稀少名贵而闻名。

在世界观赏鱼市场中，一般认为它们通常由三大类组成，即温带淡水观赏鱼、热带淡水观赏鱼和热带海水观赏鱼。

● 温带淡水观赏鱼

温带淡水观赏鱼主要有红鲫鱼、中国金鱼、日本锦鲤等，它们主要来自于中国和日本。红鲫鱼的体形酷似食用鲫鱼，依据体色不同分为红鲫鱼、红白花鲫鱼和五

金鱼

锦鲤

花鲫鱼等，它们主要被放养在旅游景点的湖中或喷水池中，如上海老城隍庙的“九曲桥”、杭州的“花港观鱼”等。

中国金鱼的鼻祖是数百年前野生的红鲫鱼，它最初见于北宋初年浙江嘉兴的放生池中。公元1163年，南宋皇帝赵构在皇宫中大量蓄养金鲤鱼。金鱼的家化饲养是由皇宫中传到民间并逐渐普及开来的。金鱼的家化经历了池养和盆养两个阶段，经过历代民间艺人的精心挑选，由最初的单尾金鲫鱼，逐渐发展为双尾、三尾、四尾金鱼；颜色也由单一的红色，逐渐形成红白花、五花、黑色、蓝色、紫色等；体形也由狭长的纺锤形发展为椭圆形、皮球形等；品种也由单一的金鲫鱼，发展为今天丰富多彩的数十个品种，诸如龙睛、朝天龙、水泡、狮头、虎头、绒球、珍珠鳞、鹤顶红等。

日本锦鲤的原始品种为红色鲤鱼，早期也是由中国传入日本的，经过日本人民的精心饲养，逐渐成为今天驰名世界的观赏鱼之一。日本锦鲤的主要品种有红白色、昭和三色、大正三色、秋翠等。

● 热带淡水观赏鱼

热带淡水观赏鱼主要来自于热带和亚热带地区的河流、湖泊中，它们分布地域极广，品种繁多，大小不等，体形特性各异，颜色五彩斑斓，非常美丽。依据原始栖息地的不同，它们主要来自三个地区：一是南美洲的亚马孙河流域的许多国家和地区，如哥伦比亚、巴拉圭、圭那亚、巴西、阿根廷、墨西哥等地；二是东亚、南亚的许多国家和地区，如泰国、马来西亚、印度、斯里兰卡等地；三是非洲的三大湖区，即马拉维湖、维多利亚湖和坦干伊克湖。

热带淡水观赏鱼较著名的品种有三大系列。一是灯类品种，如红绿灯、头尾灯、蓝三角、黑莲灯等，它们小巧玲珑、鲜艳俏丽，非常受欢迎。二是神仙鱼系列，如红七彩、蓝七彩、条纹蓝绿七彩、黑神仙、芝麻神仙、鸳鸯神仙、红眼钻石神仙等，它们潇洒飘逸，温文尔雅，大有陆上神仙的风范，非常美丽。三是龙鱼系列，如银龙、红龙、金龙、黑龙鱼等，它们典雅庄重，名贵美丽，素有“活化石”美称，广受欢迎。

灯鱼

紫红火口鱼

龙鱼

● 热带海水观赏鱼

热带海水观赏鱼主要来自于印度洋、太平洋中的珊瑚礁水域，品种很多，体形怪异，体表色彩丰富，极富变化，善于藏匿，具有一种原始古朴神秘的自然美。常见产区有菲律宾、中国台湾和南海、日本、澳大利亚、夏威夷群岛、印度、红海、非洲东海岸等。热带海水观赏鱼分布极广，它们生活在广阔无垠的海洋中，许多海域人迹罕至，还有许多未被人类发现的品种。热带海水观赏鱼是全世界最有发展潜力和前途的观赏鱼类，代表了未来观赏鱼的发展方向。热带海水观赏鱼由三十余科组成，较常见的有雀鲷科、蝶鱼科、刺蝶鱼科、粗皮科等，其著名品种有女王神仙、皇后神仙、皇帝神仙、月光蝶、月梅蝶、人字蝶、海马、红小丑、蓝魔鬼等。热带海水观赏鱼颜色特别鲜艳、体表花纹丰富。许多品种都有自我保护的本性，有些体表生有假眼，有的尾柄生有利刃，有的棘条坚硬有毒，有的体内可分泌毒汁，有的体色可任意变化，林林总总，千奇百怪，充分展现了大自然的神奇魅力。

皇帝神仙鱼

二、中国引进的观赏鱼类一览

学名（拉丁文）	商品名及英文名	原产地	繁殖难易	备注
一、鲤科				
日本锦鲤 *Cyprinus carpio*	锦鲤、日本锦鲤 Koi	日本	***	原引中国鲤育成
斑马鱼 *Brachydanio rerio*	斑马鱼 Zebra Danio	印度 孟加拉国	***	著名实验动物鱼
豹纹斑马鱼 *Brachydanio frankei*	豹纹斑马鱼 Leopard Danio	印度 马来半岛	***	
大斑马鱼 *Danio malabaricus*	大斑马鱼 Giant Danio	印度	*	
玫瑰无须鲃 *Puntius conchonius*	玫瑰鲫、玫瑰鲃 Rosy Barb.	印度	*	
双色野鲮 *Labeo bicolor*	红尾黑鲨 Red-finned Black Shark	泰国	*	
红鳍野鲮 *Labeo erythrurus*	彩虹鲨 Rainbow Shark	泰国	*	
黑鳍袋唇鱼 *Balantiocheilus melanopterus*	银鲨 Tricolor Shark	东南亚	*	
多鳞四须鲃 *Barbodes schwanenfdi*	红鳍银鲫、红翅鲫 Tinfoil Barb	东南亚	*	
侧纹四须鲃 *Barbodes lateristriga*	丁字鲫、扳手 Spanner Barb	东南亚	*	
四间鲃 *Barbus tetrazone*	虎皮、四间鲫 Tiger Barb	东南亚南部	*	
黄金鲃 *Barbus sachsi*	黄金鲃 Golden Barb	新加坡	**	
角鱼 *Epalzeorhynchus kalopterus*	飞狐、金线飞狐 Flying Fox	苏门答腊 婆罗洲	*	
高体波鱼 *Rasbora heteromorpha*	三角灯 Harlequin Fish	东南亚	*	
红线波鱼 *Rasbora pauciperforata*	红线波鱼 Red-striped Rasbora	马来西亚 苏门答腊	*	

（续）

学名（拉丁文）	商品名及英文名	原产地	繁殖难易	备注
二、脂鲤类				
拟唇齿脂鲤 *Paracheirodon innesi*	红绿灯 Neon Tetra	亚马孙河水系	**	
唇齿脂鲤 *Paracheirodon axelrodi*	宝莲灯、新红莲灯 Cardinal Tetra	亚马孙河水系	*	
眼斑半线脂鲤 *Hemigrammus ocellifer*	头尾灯 Head and Tail Light	亚马孙河水系	*	
红吻半线脂鲤 *Hemigrammus rhodostomus*	红鼻剪刀 Red-nose Tetra	亚马孙河水系	*	
罗氏半线脂鲤 *Hemigrammus rodwayi*	黄金灯 Gold Tetra	非洲	*	
红目脂鲤 *Moenkhausia sanctaefilomenae*	银屏灯、红目鱼 Red-eyed Tetra	亚马孙河水系	*	
血鳍玻璃鱼 *Prionobrama filigeras*	红尾玻璃 Glass Bloodfin	亚马孙河水系	*	
丽鲃脂鲤 *Hyphessobrycon callistus*	红鳍扯旗 Callistus Tetra	亚马孙河水系	*	
玫瑰鲃脂鲤 *Hyphessobrycon rosaceus*	玫瑰扯旗 Rosy Tetra	亚马孙河水系	*	
红点鲃脂鲤 *Hyphessobrycon erythrostigma*	红印、红心灯 Bleeding Heart Tetra	哥伦比亚	*	
断线脂鲤 *Phenacogrammus interruptus*	刚果扯旗 Gango Tetra	非洲刚果河	*	
氏银脂鲤 *Metynnis hypsauchen*	银板、银币鱼 Silver Dollar	圭亚那 巴拉圭	*	
短盖巨脂鲤 *Colossoma brackypomum*	淡水白鲳 Silver Pacu	亚马孙河水系	***	也作食用鱼
纳氏锯脂鲤 *Serrasalmus nattereri*	食人鲳、红肚食人鲳 Piranha	亚马孙河水系	*	
旗尾真唇脂鲤 *Semaprochilodus insignis*	飞凤、美国旗鱼 Kissing Prochilodus	亚马孙河水系	*	
胸斧鱼 *Gasteropelecus sternicla*	银燕、银石斧 Silver Hatchetfish	亚马孙河水系	*	

（续）

学名（拉丁文）	商品名及英文名	原产地	繁殖难易	备注
三、花鳉科				
花鳉 *Poecilia reticulata*	孔雀鱼 Guppy	亚马孙河水系	***	已流入本土自然水体
宽帆鳉 *Poecilia latipinna*	帆鳍玛丽 Sailfin Molly	墨西哥等地	**	
剑尾鱼 *Xiphophorus helleri*	红剑鱼 Swordtail	墨西哥等地	***	正培育成实验动物鱼
斑剑尾鱼 *Xiphophorus maculates*	月光鱼、月鱼 Platy	墨西哥等地	**	
四、丽鱼科				
神仙鱼 *Pterophyllum scalare*	神仙鱼 Angelfish	亚马孙河水系	***	
盘丽鱼 *Symphysodon aequifasciata*	七彩神仙鱼 Discus	亚马孙河水系	**	
马拉维金鲷 *Melanochromis auratus*	非洲凤凰 Golden Cichlid	非洲马拉维湖	*	
雷氏蝶色鲷 *Papiliochromis ramirezi*	七彩凤凰、荷兰凤凰 Ram	亚马孙河水系	*	
阿氏蝶色鲷 *Papiliochromis altispinosa*	玻利维亚凤凰 Bolivian Ram	玻利维亚	*	
眼斑星丽鱼 *Astronotus ocellatus*	猪仔鱼、地图鱼 Oscars	亚马孙河水系	**	
绿面皇冠 *Aequidens rivulatus*	红尾皇冠 Green Terror	厄瓜多尔 秘鲁	*	
布氏罗非鱼 *Tilapia buttikoferi*	非洲十间 Hornet Tilapia	西非	**	
庄严丽鱼 *Cichlasoma severum*	金菠萝 Gold Severum	亚马孙河水系	*	
焰口丽鱼 *Cichlasoma meeki*	火口鱼 Fire mouth	中美洲	*	
蓝点丽鱼 *Cichlasoma cyanoguttatum*	得州豹、金钱豹 Texas Cichlid	美国得州南 墨西哥	*	

（续）

学名（拉丁文）	商品名及英文名	原产地	繁殖难易	备注
隆头丽鱼 *Cichlasoma citrinellum*	火鹤、红魔鬼 Red Devil	中南美洲	*	
联斑丽鱼 *Cichlasoma synspilum*	紫红火口 Fire-head	中美洲	*	
斑斓丽鱼 *Cichlasoma festivum*	画眉 Flag Cichlid	美国得州南墨西哥	*	
王冠伴丽鱼 *Hemichromis guttatus*	红宝石、星光鲈 Jewel Cichlid	刚果河	*	
黄唇色鲷 *Labidochromis caeruleus*	非洲王子 Yellow Labidochromis	非洲马拉维湖	*	
血鹦鹉 *C. synspilum×C. citrinellum*	血鹦鹉 Blood Parrot	中国台湾	*	
彩鲷 *Cichlasoma* sp.（杂交种）	罗汉鱼、花角 Rajah Cichlasoma	马来西亚	*	
五、攀鲈类				
五彩搏鱼 *Betta splendens*	彩雀、暹罗斗鱼 Siamese Fighting Fish	泰国	*	
丝足密鲈 *Colisa lalia*	丽丽鱼 Dwarf Gourami	恒河水系	*	
丝足鲈 *Osphronemus goramy*	红招财、古代战船 Giant Gourami	东南亚	**	也作食用鱼
吻鲈 *Helostoma temmincki*	接吻鱼 Kissing Gourami	马来西亚等地	*	
珍珠丝足鱼 *Trichogaster leeri*	珍珠马甲、蕾丝丽丽 Pearl Gourami	东南亚	**	
三星丝足鱼 *Trichogaster Trichopterus*	蓝曼龙、三星曼龙 Three-sport Gourami	东南亚	**	
六、鲶类				
多条鳍吸口鲶 *Hypostomus multiradiatus*	清道夫、琵琶鱼 Suckermouth Catfish	亚马孙河水系	*	已流入本土江河
拟宽口鲶 *Pseudoplatystoma fasciatum*	虎皮鸭嘴、虎鲶 Tiger Shovelnose	亚马孙河水系	*	

（续）

学名（拉丁文）	商品名及英文名	原产地	繁殖难易	备注
红尾鲶 *Phractocephalus hemioliopterus*	红尾鸭嘴、狗仔鲸 Redtail Catfish	亚马孙河水系	*	巨型鱼
玻璃鲶 *Kryptopterus bicirrhis*	玻璃猫 Glass Catfisah	婆罗洲、爪哇 泰国	*	
水晶巴丁 *Pangasius sutchi*	青鲨、白鲨 Black Shark	东南亚	**	也作食用鱼
七、其他观赏鱼				
美丽硬仆骨舌鱼 *Scleropages formosus*	金龙鱼、红龙鱼 Arowana	马来西亚 印尼	–	
双须骨舌鱼 *Osteoglossum bicirrosum*	银龙鱼、银带 Silver Arowana	亚马孙河水系	–	
弓背鱼 *Notopterus chitala*	东洋刀、七星刀 Clown Knife	东南亚	*	
细鳞拟松鲷 *Datnioides microlepis*	泰国虎鱼 Siamese Tiger Fish	泰国	*	
射水鱼 *Toxotes jaculator*	高射炮 Archer Fish	东南亚	*	
绿色太阳鱼 *Lapomis cyanellus*	绿色太阳鱼 Green Sunfish	美国	**	也作食用鱼
金边双孔鱼 *Gyrinocheilus aymonieri*	青苔鼠、暹罗食藻鱼 Siamese Algae Eater	泰国	*	
卵斑河魟 *Potamotrygon motoro*	珍珠魟鱼 Freshwater Stingray	亚马孙河水系	–	
巨骨舌鱼 *Arapaima gigas*	海象 Pirarucu	南美洲	–	
雀鳝 *Lepisosteus osseus*	牙龙鱼、竹签 Longnose Gar	北美洲 墨西哥	–	
丑鳅 *Botia macracantha*	丑鳅 Clown Loach	印尼 苏门答腊	*	
象鼻鱼 *Gnathomemus petersi*	象鼻鱼 Ubangi Mormyrid	非洲	*	
彩虹鱼 *melanotaenia maccullochi*	电光美人、石美人 Rainbow Fish